全国职业教育规划教材

CAXA制造工程师2013项目案例教程

刘玉春　主编
张　毅　主审

化学工业出版社
·北京·

本书共 6 个项目，43 个任务，主要内容包括 CAXA 制造工程师软件的基本操作方法、线框造型、几何变换、曲面造型、曲面编辑、实体造型、数控铣加工与编程、多轴加工与仿真等。各项目均配有项目思考练习题和实训题，以便读者将所学知识融会贯通。通过这些项目任务的学习，读者不但可以轻松掌握 CAXA 制造工程师 2013 的基本知识和应用方法，而且能熟练掌握数控自动编程的方法。书后专门有五个综合训练，可供读者巩固练习。本书有配套的电子教案及习题答案，可在化学工业出版社的官方网站上下载。

本书可作为高职高专、中职院校数控技术应用专业、机械制造与控制专业、模具设计与制造专业、机械加工技术专业、机电一体化专业及相关专业 CAD/CAM 教学实训用书，也可以作为机械制造企业和相关工程技术人员的培训教材。

图书在版编目（CIP）数据

CAXA 制造工程师 2013 项目案例教程/刘玉春主编.
北京：化学工业出版社，2013.7（2025.1重印）
全国职业教育规划教材
ISBN 978-7-122-17522-9

Ⅰ.①C… Ⅱ.①刘… Ⅲ.①数控机床-计算机辅助设计-应用软件-职业教育-教材　Ⅳ.①TG659

中国版本图书馆 CIP 数据核字（2013）第 116002 号

责任编辑：李　娜　　　　　　　　　　　　装帧设计：刘丽华
责任校对：宋　玮

出版发行：化学工业出版社（北京市东城区青年湖南街 13 号　邮政编码 100011）
印　　装：北京天宇星印刷厂
787mm×1092mm　1/16　印张 16¾　字数 413 千字　2025 年 1 月北京第 1 版第 12 次印刷

购书咨询：010-64518888　　　　　　　　　售后服务：010-64518899
网　　址：http://www.cip.com.cn
凡购买本书，如有缺损质量问题，本社销售中心负责调换。

定　　价：48.00 元　　　　　　　　　　　　　　　　　　版权所有　违者必究

编审人员名单

主　编　刘玉春

副主编　陈　银　巨江澜　俞　挺

参　编　纪红兵　程　辉　许　洋　吕　勇
　　　　李　杲　于磊磊　吴留军　褚福岗

主　审　张　毅

前言

制造业信息化是现代制造业的关键,各高职高专院校机电类各专业的教学改革与发展方向都围绕着制造业信息化这一主题进行。数控加工技术是典型的机电一体化技术。CAD/CAM 技术的推广和成熟应用,为数控加工技术带来了前所未有的全新的思维模式和解决方案,国内各类加工制造企业对先进制造技术及数控设备的应用日益普及,CAD/CAM 技术应用的水平也正在迅速地提高,这一切对高职高专院校提出了更高的要求。

进入新世纪,全球产业格局正在调整,全球制造业的重点正在向亚太、向中国转移,中国正在从"制造大国"向"制造强国"转化,制造类企业购买了大量的数控机床,这就需要大量掌握现代 CAD/CAM 技术的技工和技师,职业技能培训工作变得尤其重要,因此,开发既能适合企业对高技能人才的需求,又能结合当前各高职高专院校实际教学条件的 CAD/CAM 软件方面的课程教材成为当务之急。本书的写作以"数控加工技术专业技能型紧缺人才培养"的需求为导向,以实际生产应用的零件为主要实例来源,全面详细介绍了国产的 CAD/CAM 软件——CAXA 制造工程师 2013 软件 CAD/CAM 各功能的作用、造型与操作方法、注意事项及技巧。

在国内制造业的数控加工车间,实施数控加工任务的主要有工艺员(编程员)和操作工,前者负责制定加工工艺、编制加工程序,后者负责数控机床的操作。但在众多的中小企业,为了提高效率和降低成本,编程员和操作人员往往由一人担当。由此可以看出现代制造业需要的是高级技能复合型的数控加工技术的从业人员。因此,对数控加工技术人才培养应强调"3D 设计、工艺、编程和操作"的集成统一,以此才能做到知识和技能、理论与实践的完美组合,更有利于增加高职高专学生的就业竞争力,满足市场对数控加工技术技能型人才的需求。

制造业数控加工技术的特点与 CAD/CAM 集成软件的综合性密不可分,比如在航空航天、飞机或汽车制造的厂家,实际上都在使用公认的主流软件,但这些软件想学好或掌握起来颇费时日,经过国内数百所院校的近十年的培训和制造业应用情况反馈表明,以具有 Windows 原创风格、全中文界面的 CAXA 制造工程师为代表的 CAXA 系列 CAD/CAM 软件易学实用,成本较低,完全能够满足对职业技能培训的特殊需求。该软件是劳动和社会保障部"数控工艺员"职业资格培训指定软件,还是全国数控技能大赛指定软件之一。

为了使本书具有较强的针对性和实用性,本着"由易到难、由简到繁、再到综合应用"的原则,将全书分为 6 个项目,43 个实例任务及 800 多个操作图,贴近于计算机上的操作界面,步骤清晰明了,便于学生上机实践。力求使学习者在较短的时间内不仅能够掌握较强的三维造型方法和数控自动编程技巧,而且能够真正领悟到 CAXA 制造工程师软件应用的精华,并在每一项目任务后都配有练习题和项目总结,供学生在学完本项目后复习巩固和自我检测。

本书由刘玉春担任主编，陈银、巨江澜、俞挺担任副主编，张毅教授担任主审。具体编写分工为：南京交通技师学院于磊磊（项目1），宁波第二技师学院俞挺和浙江经贸职业技术学院陈银（项目2），山东省枣庄市薛城区职业中专吴留军和褚福岗（项目3），甘肃畜牧工程职业技术学院巨江澜（项目4），甘肃有色冶金职业技术学院李杲和程辉（项目5中任务1和任务2），甘肃畜牧工程职业技术学院刘玉春（项目5中任务3～任务10），许昌职业技术学院吕勇（项目6中任务1和任务2），泊头职业学院许洋（项目6中任务3和任务4），江苏省海门中等专业学校纪红兵（综合训练）。

由于编者水平有限，加之 CAD/CAM 技术发展迅速，书中难免有遗漏和失误，恳请广大同仁和读者不吝批评指正。

编者

2013 年 6 月

目 录

项目1 构造线框模型   1
   任务1 CAXA 制造工程师 2013 基本操作 …………………………………… 1
   任务2 连杆轮廓曲线图的绘制 …………………………………………… 5
   任务3 椭圆花形绘制 ……………………………………………………… 9
   任务4 五角星绘制 ………………………………………………………… 11
   任务5 弹簧螺旋曲线绘制 ………………………………………………… 15
   任务6 手柄平面图形绘制 ………………………………………………… 17
   任务7 线框立体图绘制 …………………………………………………… 22
   项目实训 ……………………………………………………………………… 27

项目2 几何变换   30
   任务1 六角螺母的线框造型 ……………………………………………… 30
   任务2 花瓶平面图形绘制 ………………………………………………… 34
   任务3 1/4 直角弯管三维图形绘制 ……………………………………… 37
   任务4 六角花平面图形绘制 ……………………………………………… 40
   项目实训 ……………………………………………………………………… 43

项目3 曲面造型   45
   任务1 圆柱体曲面造型 …………………………………………………… 45
   任务2 台灯罩曲面造型 …………………………………………………… 47
   任务3 弯管三维图形绘制 ………………………………………………… 50
   任务4 手柄曲面造型 ……………………………………………………… 55
   任务5 线圈骨架曲面造型 ………………………………………………… 59
   任务6 1/4 半圆弯头三维曲面造型 ……………………………………… 62
   任务7 吊钩三维曲面造型 ………………………………………………… 65
   任务8 五角星曲面造型 …………………………………………………… 69
   任务9 面粉收集筒三维曲面造型 ………………………………………… 74
   项目实训 ……………………………………………………………………… 79

项目4 实体造型   82

任务 1	拉伸特征实体造型	82
任务 2	酒壶实体造型	86
任务 3	手柄实体造型	89
任务 4	螺杆实体造型	94
任务 5	筋板类零件实体造型	101
任务 6	轴承座实体造型	107
任务 7	端盖实体造型	117
任务 8	吊耳实体造型	123
任务 9	箱体实体造型	129
项目实训		138

项目 5　数控铣削编程与仿真加工　140

任务 1	长方体内型腔造型与加工	140
任务 2	圆台曲面造型与加工	146
任务 3	椭圆内壁造型与加工	150
任务 4	手机造型与加工	152
任务 5	凸轮外轮廓造型与加工	160
任务 6	鼠标造型与加工	168
任务 7	五角星造型与加工	177
任务 8	香皂模型造型与加工	183
任务 9	可乐瓶底造型和加工	191
任务 10	连杆造型与加工	204
项目实训		214

项目 6　多轴加工与仿真　218

任务 1	四轴平切面加工	218
任务 2	槽轴零件造型与加工	221
任务 3	叶轮零件造型与加工	229
任务 4	空间圆槽的设计与加工	236
项目实训		239

综合训练　241

综合训练一	线架造型	241
综合训练二	曲面造型	244
综合训练三	实体造型	248
综合训练四	数控加工	251
综合训练五	造型与加工	254

参考文献　258

项目 1

构造线框模型

CAXA 制造工程师软件为"草图"或"线架"的绘制提供了多项功能：直线、圆弧、圆、椭圆、样条、点、公式曲线、多边形、二次曲线、等距线、曲线投影、相关线和曲线编辑等。CAXA 制造工程师线架造型的方法是学习 CAXA 制造工程师的重要基础，通过典型工作任务的学习，达到使读者快速掌握并熟练运用线架造型的方法绘制简单平面图和线框立体图的目的。

【技能目标】
- 掌握用空间点和空间曲线来描述零件轮廓形状的造型方法。
- 掌握功能图标操作方法，提高作图效率。
- 掌握绘制简单二维平面图形和三维线框立体图的方法。
- 掌握平面图形编辑方法。

任务 1 CAXA 制造工程师 2013 基本操作

一、任务导入

软件操作界面是每个操作者每时每刻都要面对的，熟悉界面上各部分的含义和作用是必须的。本任务通过绘制简单立体图形来了解 CAXA 制造工程师的基本操作方法。

二、任务分析

界面是交互式 CAD/CAM 软件与用户进行信息交流的中介。CAXA 制造工程师的界面和其他 Windows 风格的软件界面一样，各种应用功能通过菜单和工具条驱动。状态栏指导用户进行操作，并提示当前状态和所处位置。导航栏记录了历史操作和相互关系。绘图区显示各种功能操作的结果。同时，绘图区和导航栏为用户提供了数据交互的功能，如图 1.1 所示。

1. 绘图区
（1）绘图区是进行绘图设计的工作区域，位于屏幕的中心。
（2）在绘图区的中央设置了一个三维直角坐标系。
2. 主菜单
（1）主菜单是界面最上方的菜单条。

图 1.1 CAXA 制造工程师操作界面

（2）菜单条与子菜单构成了下拉主菜单。

3．立即菜单

立即菜单描述了该项命令执行的各种情况和使用条件。

4．快捷菜单

光标处于不同的位置，右击会弹出不同的快捷菜单。

5．对话框

某些菜单选项要求用户以对话的形式予以回答，单击这些菜单时，系统会弹出一个对话框。

6．工具条

在工具条中，可以通过单击相应的按钮进行操作。

CAXA 制造工程师工具条中每一个按钮都对应一个菜单命令，单击按钮和单击菜单命令的效果是完全一样的。通过"鼠标键"、"回车键"、"功能热键"、"层设置"、"系统设置"和"自定义设置"等基本操作，可以有效地提高绘图效率。

三、绘制步骤

操作步骤如下。

（1）单击"直线"图标 → 两点线 → 连续 → 非正交。

（2）按回车键 → 输入"起点坐标" O (0,0,0) → 按回车键 → 输入"终点坐标" A (120, 0, 0) → 按回车键，得到长为 120mm 的 OA 直线。

（3）输入"终点坐标" B (120, 80, 0) → 按回车键，得到 AB 直线。

（4）输入"终点坐标" C (@-120, 0, 0) → 按回车键，得到 BC 直线。

（5）输入"终点坐标" O (@0, -80, 0) → 按回车键，得到 CO 直线。

（6）按 F9 键：将当前面切换为 YOZ 平面。

(7) 输入"终点坐标"F（@0，0，100）→按回车键，得到 OF 直线。

(8) 输入"终点坐标"E（@0，80，0）→按回车键，得到 FE 直线。

(9) 输入"终点坐标"C（@0，0，-100）→按回车键，得到 EC 直线。

(10) 按 F9 键：将当前面切换为 XOZ 平面。

(11) 捕捉 E 点，输入"终点坐标"D（@120，0，0）→按回车键，得到 ED 直线。

(12) 输入"终点坐标"B（@0，0，-100）→按回车键，得到 DB 直线→右击结束，结果如图 1.2 所示。

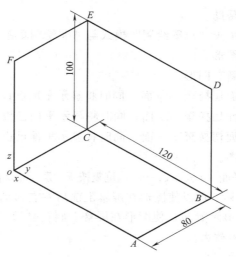

图 1.2 线框立体图

提示：当需要使用工具点时，如果不希望每次都按空格键弹出"工具点"菜单，可以使用简略方式。即使用热键来切换到需要的点状态。热键就是点菜单中每种点前面的字母。

四、知识拓展

常用键含义如下。

1. 鼠标键

左键可以用来激活菜单、确定位置点、拾取元素等。右键用来确认拾取、结束操作和终止命令。鼠标左键可用来选择图素、确定点坐标、激活功能菜单。按动鼠标左键一次称为单击，对点、曲线、曲面和实体选择时的单击操作也称为拾取。鼠标右键可用来确认拾取、结束操作、终止命令、弹出快捷菜单。

2. 回车键和数值键

回车键和数值键在系统要求输入点时，可以激活一个坐标输入框，在输入框中可以输入坐标值。当屏幕左下角提示输入"点坐标"（如圆心、中点、起点、终点、肩点等）或者"半径"时，一般是先按回车键激活如图 1.3 所示的"数据输入框"，然后用数值键完成数据输入工作。如果数据以"@"号开头，表示使用"相对坐标"输入。

图 1.3 数据输入框

3. 空格键

(1) 当系统要求输入点时，按空格键弹出"点工具"菜单，显示点的类型。

(2) 有些操作中（如作扫描面）需要选择方向，这时按空格键，弹出"矢量工具"菜单。

(3) 在有些操作（如进行曲线组合等）中，要拾取元素时，按空格键，可以进行拾取方式的选择。

(4) 在"删除"等需要拾取多个元素时，按空格键则弹出"选择集拾取工具"菜单。

4. 功能热键

(1) F1 键：请求系统帮助。

(2) F2 键：草图器。用于"草图绘制"模式与"非绘制草图"模式的切换。

(3) F3 键：显示全部图形。

(4) F4 键：重画（刷新）图形。

(5) F5 键：将当前平面切换至 xoy 面，同时将显示平面已设置为 xoy 面。

(6) F6 键：将当前平面切换至 yoz 面，同时将显示平面已设置为 yoz 面。

(7) F7 键：将当前平面切换至 xoz 面，同时将显示平面已设置为 xoz 面。

(8) F8 键：显示轴测图。

(9) F9 键：切换作图平面（xy、xz、yz），重复按 F9 键，可以在三个平面中相互转换。

(10) 方向键：显示平移，可以使图形在屏幕上前后左右移动。

(11) Shift+方向键：显示旋转，使图形在屏幕上旋转显示。

(12) Ctrl+上键：显示放大。

(13) Ctrl+下键：显示缩小。

(14) Shift+左键：显示旋转，与 Shift+方向键功能相同。

(15) Shift+右击：显示缩放。

(16) Shift+（单击+右击）：显示平移，与方向键功能相同。

思考与练习

1. 填空

(1) CAXA 制造工程师工具软件提供了（　　　）、（　　　）、（　　　）三大类基本造型方法。

(2) 鼠标左键可用来（　　　　　　　）。按动鼠标左键一次称为单击，对点、曲线、曲面和实体选择时的单击操作也称为拾取。

(3) Shift+ ←、↑、→、↓ 或 Shift+鼠标左键：显示（　　　）。

2. 判断题

(　　)(1) CAD/CAM 技术的发展和应用水平已成为衡量一个国家科技现代化和工业现代化水平的重要标志之一。

(　　)(2) F5 键：将当前面切换至 XOY 平面。视图平面与 XOY 平面平行，把图形投影到 XOY 面内显示。

(　　)(3) 当前工作坐标系是能够被删除的，任何时刻输入的点坐标或者光标移动时右下角的变动数值，都是针对当前工作坐标系的。

3. 作图题

绘制如图 1.4 所示的平面图形。

图 1.4 三视尺寸图

任务 2　连杆轮廓曲线图的绘制

一、任务导入

绘制如图 1.5 所示的连杆平面图形。

图 1.5 连杆尺寸图

二、任务分析

连杆平面图形主要由直线、圆和圆弧构成，上下图形一样，可用直线和圆命令绘制连杆下部，再用旋转命令旋转复制连杆上部。

三、绘制步骤

操作步骤如下：

(1) 单击"整圆"图标 ⊕ 圆心_半径，捕捉原点为圆心点，输入半径 20，完成 $R20$ 圆，输入半径 10，完成 $R10$ 圆。按 Enter 键，在弹出的数据条输入框中输入圆心点（100，0），输入半径值"15"，完成 $R15$ 圆，输入半径 8，完成 $R8$ 圆，如图 1.6 所示。

图 1.6　绘制圆

(2) 单击"直线"图标 ╲ →两点线→连续→非正交，按空格键→选择切点→捕捉两圆切点，得到切线，结果如图 1.7 所示。

图 1.7　绘制切线

(3) 单击"旋转"图标 ❂ →拷贝→输入拷贝份数 1→输入角度值 60，捕捉 $R20$ 圆原点为旋转中心点，选择旋转图形，右击结束，完成结果如图 1.8 所示。

图 1.8　旋转复制图形

提示：在 XOY 平面和 XOZ 平面中，角度是指与 X 轴正向的夹角。在 YOZ 平面中，角度是指与 Y 轴正向的夹角。逆时针方向为角度正值，顺时针方向为角度负值。

（4）单击"剪裁"图标 →单击剪裁多余线→回车结束。

（5）单击"圆弧过渡"图标 →圆弧过渡→输入"半径"10→输入"精度"0.01→裁剪曲线1→裁剪曲线2，分别拾取两条裁剪曲线→右击结束，结果如图1.9所示。

图1.9 连杆平面图

提示：拾取点可以按空格键，利用"工具点"菜单选择点的类型。也可按回车键，进行绝对坐标或相对坐标的输入。可以按F8键进行轴测显示。

四、知识拓展

1. 圆弧线

圆弧是构成图形的基本要素。为了适应多种情况下的圆弧绘制，圆弧功能提供了六种方式：三点圆弧、圆心_起点_圆心角、圆心_半径_起终角、两点_半径、起点_终点_圆心角和起点_半径_起终角。

① 三点圆弧：给定三点画圆弧，其中第一点为圆弧起点，第二点决定圆弧的位置和方向，第三点为圆弧的终点。

② 圆心_起点_圆心角：已知圆心、起点及圆心角或终点画圆弧。

③ 圆心_半径_起终角：由圆心、半径和起终角画圆弧。

④ 两点_半径：给定两点及圆弧半径画圆弧。

⑤ 起点_终点_圆心角：已知起点、终点和圆心角画圆弧。

⑥ 起点_半径_起终角：由起点、半径和起终角画圆弧。

【操作】

① 单击主菜单"造型"，指向下拉菜单"曲线生成"，单击"圆弧"，或直接单击按钮，

出现绘制圆弧的立即菜单。

② 在立即菜单中选取画圆弧方式，并根据状态栏提示完成操作。

2. 整圆

圆功能提供了 3 种方式：圆心_半径、三点圆、两点_半径。

圆心_半径是指按给定圆心坐标和半径生成整圆；

三点圆是指按给定圆上任意 3 个不重合点坐标来生成整圆；

两点_半径是指给定圆上任意两个不重合点的坐标及圆的半径生成整圆。

【操作】可通过单击"整圆"图标 ⊕ 激活该功能，再单击"立即菜单"的下拉按钮▼，切换到不同的整圆绘制方式。

3. 经验总结

（1）对于一些概念性的基础知识，应结合上机操作领会其中的含义，以便于快速记忆。

（2）对于一些基本操作，应多上机演练。此时，要特别关注"命令行"的提示，因为它是人机交互的关键所在，尤其对于初学者，忽视它必将有碍于学习效率和能力的提高，即使在后面的操作实践中也要随时观察命令区的提示。

（3）初学者在上机操作时，应以工具栏"图标"输入命令为主，并应时刻注意"命令行"给出的提示，可提高绘图效率。

（4）充分利用缩放命令，对复杂的局部图形放大后，能更方便地进行绘制、编辑操作。

（5）对于轴类零件，宜用"直线_连续"方式、采用相对坐标输入法进行作图较为快捷；对于有对称结构零件，要注意使用镜像、阵列等命令进行作图。

（6）在作图过程中，注意随时切换"正交"、"对象捕捉"、F9、F6、F7、F5 功能键等辅助工具，达到提高作图速度和质量的目的。

思考与练习

1. 认知题

（1）将光标移动到每个图标处停留一下，借助软件系统给出的提示，熟悉图标代表的功能。

（2）熟悉主菜单及子菜单的内容。

（3）熟悉常用键的功能，重点观察按 F5、F6、F8 和 F9 键时坐标系显示上的变化及移动光标时右下角数值变动规律。

（4）创建一个工作坐标系，观察移动光标时右下角数值变化情况。切换当前工作坐标系，再观察右下角数值变化情况。

（5）在图层管理对话框中，增加名称分别为"线架"、"曲面"、"实体"、"加工轨迹"的新图层，颜色自定。

2. 作图题

（1）绘制如图 1.10 所示的立体图形，厚度为 30mm。

（2）绘制如图 1.11 所示的平面图形。

图 1.10　平面尺寸图

图 1.11　平面尺寸图

任务 3　椭圆花形绘制

一、任务导入

在 XOY 平面上绘制如图 1.12 所示长半轴 20、短半轴 42.5、中心坐标（0，42.5）的椭圆。

二、任务分析

任务中显示的是椭圆平面图形，要利用"椭圆"命令作图，注意"旋转角"顺时针为取负值，逆时针为正值。

三、绘制步骤

(1) 按 F5 键。
(2) 单击"椭圆"图标→输入"长半轴"20→输入"短半轴"42.5→输入"旋转角"0。
(3) 按回车键→输入中心坐标（0,42.5）→右击结束。
(4) 单击"整圆"图标 ⊕ 圆心_半径。
(5) 捕捉坐标原点→输入"半径"42.5→按回车键结束。
(6) 单击"椭圆"图标→输入"长半轴"20→输入"短半轴"42.5→输入"旋转角"340。
(7) 按回车键→捕捉 R42.5 圆与椭圆的交点→右击结束，结果如图 1.12 所示。
(8) 其他椭圆作法类似。

图 1.12 椭圆平面尺寸图

四、知识拓展

1. 椭圆

椭圆生成只有一种方法，即输入长半轴长度、短半轴长度、旋转角度、起始角度和终止角度。

【操作】可通过单击"椭圆"图标激活该功能。

2. 点

点功能提供了两种方式：单个点和批量点。

单个点是指通过输入点的坐标生成或通过"工具点菜单"捕捉出的点，如端点、交点、切点、中点、型值点（圆与 X、Y、Z 正负轴的交点）等。

批量点是指一次生成多个点。批量点又分等分点、等距点和等角度点；等分点是指把曲线按照段数进行等分生成的点；等距点是指生成曲线上间隔为给定弧长的点。

【操作】可通过单击"点"图标 ✕ 激活该功能，再单击"立即菜单"的下拉按钮 ▼，切换到不同的点绘制方式。

思考与练习

1. 填空

(1) 点的坐标输入有两种方式：（　　　）和（　　　）。
(2) 图层具有（　　）、（　　）、（　　）等特征，利用图层对设计中的图形对象分类进行组织管理，可起到方便设计、图面清晰、防止误操作等作用。
(3) （　　　）键可以在三个平面之间进行切换，视向（　　　）改变。

2. 判断题

(　　) (1) CAXA 制造工程师软件是一种 CAD/CAM 集成软件，具有自动编程、NC 代码自动校验和模拟加工的仿真功能。

（　　）(2) 当进行创建新坐标系操作后，新创建的坐标系自动被系统默认为当前坐标系。

3. 作图题

绘制如图 1.13 所示的平面图形。

图 1.13　平面尺寸图

任务 4　五角星绘制

一、任务导入

按图 1.14 所示尺寸绘制直径为 $\phi200mm$，高度为 15mm 的立体五角星线框图形。

图 1.14　五角星线框尺寸图

二、任务分析

任务中显示的是五角星主视和俯视图形，要利用"正多边形"、"平移"等命令作图，注意"剪裁"命令的正确使用。

三、绘制步骤

（1）单击曲线生成工具栏上的 ⊕ 按钮，进入空间曲线绘制状态，在特征树下方的立即菜单中选择作圆方式"圆心点_半径"，然后按照提示用鼠标点取坐标系原点，也可以按回车"Enter"键，在弹出的对话框内输入圆心点的坐标（0，0，0），半径 $R=100$ 并确认，然后单击鼠标右键结束该圆的绘制。

（2）单击曲线生成工具栏上的 ⊙ 按钮，在特征树下方的立即菜单中选择"中心"定位，边数 5 条回车确认，内接。按照系统提示点取中心点，内接半径为 100。然后单击鼠标右键结束该五边形的绘制。结果如图 1.15 所示。

图 1.15　绘制五边形

（3）使用曲线生成工具栏上的直线 ╱ 按钮，在特征树下方的立即菜单中选择"两点线"、"连续"、"非正交"，将五角星的各个角点连接，如图 1.16 所示。

图 1.16　绘制五角星

（4）使用"删除"工具将多余的线段删除，单击 ⊘ 按钮，用鼠标直接点取多余的线段，拾取的线段会变成红色，单击右键确认，如图 1.17 所示。

（5）单击线面编辑工具栏中"曲线裁剪" ✂ 按钮，在特征树下方的立即菜单中选择"快速裁剪"、"正常裁剪"方式，用鼠标点取剩余的线段就可以实现曲线裁剪，如图 1.18 所示。

（6）使用曲线生成工具栏上的直线 / 按钮，在特征树下方的立即菜单中选择"两点线"、"连续"、"非正交"，用鼠标点取五角星的一个角点，然后单击回车，输入顶点坐标（0，0，15），同理，作五角星各个角点与顶点的连线，完成五角星的空间线架，如图1.19所示。

（7）单击曲线生成工具栏上的 ⊕ 按钮，进入空间曲线绘制状态，在特征树下方的立即菜单中选择作圆方式"圆心点_半径"，然后按照提示用鼠标点取坐标系原点，在弹出的对话框内输入圆心点的坐标（0，0，0），半径 $R=120$ 并确认，然后单击鼠标右键结束该圆的绘制，如图1.20所示。

图 1.17　删除多余线

图 1.18　曲线裁剪

图 1.19　绘制五角星空间线架

图 1.20　绘制圆

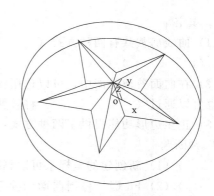

图 1.21　平移复制圆

(8) 可通过单击"平移"图标 按钮,输入 Z=-20,拾取 R120 的圆,然后单击鼠标右键结束,如图 1.21 所示。

四、知识拓展

1. 矩形

矩形功能提供了两种方式:两点矩;中心_长_宽。

两点矩形是指通过给定矩形的两个对角点坐标生成矩形;中心_长_宽是指通过给定矩形几何中心坐标和两条边的长度值生成矩形。

【操作】可通过单击"矩形"图标 激活该功能,再单击"立即菜单"的下拉按钮 ,切换到不同的矩形绘制方式。

2. 绘制正多边形

在给定点处绘制一个给定半径、给定边数的正多边形。其定位方式由菜单及操作提示给出。

【操作】可通过单击"正多边形"图标 激活该功能,再单击"立即菜单"的下拉按钮 ,切换到不同的正多边形绘制方式。正多边形功能提供了两种方式:边_边数、中心_边数_内接(外切),如图 1.22 所示。

图 1.22 正多边形立即菜单

"边_边数"方式是指按照给定的边数、边起点和终点生成正多边形。

"中心_边数内接(外切)"方式是指按照给定的多边形中心位置、边数和与给定图形的相接方式(内接或外切)生成正多边形。

思考与练习

1. 填空

(1) 曲线剪裁共有四种方式(　　　)、(　　　)、(　　　)和(　　　),其中,(　　　)和(　　　)具有延伸特性。

(2) 在曲面剪裁功能中,可以选用各种元素来修理和裁剪曲面,以得到所需要的曲面形状。也可以通过(　　　)将被剪裁了的曲面恢复到原样。

(3) 正多边形功能提供了两种方式:(　　)方式和(　　)方式。

2. 判断题

(　)(1) 新创建的坐标系可以删除。

(　)(2) F6 键:将当前面切换至 XOY 平面。视图平面与 XOY 平面平行,把图形投影到 XOY 面内显示。

(　　)(3) 在使用曲线裁剪线剪裁时,当在剪刀线与被剪线有两个以上交点时,系统约定取离剪刀线上拾取点较近的交点进行裁剪。

3. 作图题

完成图 1.23 所示的图形(按 1∶1 绘制)。

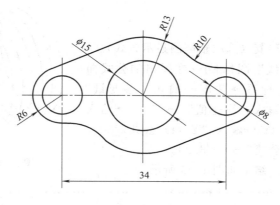

图 1.23　平面尺寸图

任务 5　弹簧螺旋曲线绘制

一、任务导入

在 YOZ 平面上绘制半径 30、回转 12 圈、螺距等于 6 的三维螺旋曲线。参数设置如图 1.24 所示。

图 1.24　公式曲线参数设置

二、任务分析

任务中显示的是三维螺旋曲线，要利用"公式曲线"命令作图，注意"参变量"的取值方法。

三、绘制步骤

(1) 按 F5 键→按 F8 键（选取轴侧图显示方式）。

(2) 单击"公式曲线"图标 f(x)→在弹出的公式曲线对话框中选择直角坐标系→弧度→输入"参变量"t→输入"起终值"0→输入"终止值"-75.36→输入"X（t）公式"30*cos（t）→输入"Y（t）公式"30*sin（t）→输入"Z（t）公式"6*t/6.28。

(3) 拾取坐标原点，结果如图1.25所示。

图1.25 三维螺旋曲线

提示：

(1) 一整圈等于6.28弧度。

(2) 螺距大小的计算公式为：螺距*参变量/6.28。

(3) 公式中的"*"代表"乘号"，"/"代表"除号"。

四、知识拓展

公式曲线是数学表达式的曲线图形，也就是根据数学公式（或参数表达式）绘制出相应的数学曲线，公式的给出既可以是直角坐标形式的，也可以是极坐标形式的。

【操作】

① 单击主菜单"造型"，指向下拉菜单"曲线生成"，单击"公式曲线"；或者直接单击公式曲线按钮，弹出公式曲线对话框。

② 选择坐标系，给出参数及参数方式，按确定按钮，给出公式曲线定位点，完成操作。

思考与练习

1. 填空

(1) CAD/CAM 系统基本上是由（　　　）、（　　　）及（　　　）组成。

(2) CAD/CAM 技术的发展方向是（　　　）、（　　　）、（　　　）等。

(3) 方向键←、↑、→、↓显示（　　　）。

(4) 在 CAXA 制造工程师中，把曲面与曲面的交线、实体表面交线、边界线、参数线、法线、投射线和实体边界线等，均称为（　　　）。

(5) 直线功能包括（　　）线、（　　）线、（　　）线、（　　）线、（　　）线、（　　）线六种方式。

2. 判断题

（　　）(1) "曲线投影"功能是实体造型中经常要用到的功能，它可以实现"架线"向"草图"的转换，用该功能可以实现线架造型和曲面造型向特征实体造型的转换。

(　　)（2）在 CAXA 制造工程师中，用户可以根据自己的习惯定义自己的快捷键。
(　　)（3）视图平面是指看图时使用的平面。作图平面是指绘制图形时使用的平面。

3. 作图题

（1）在 XOY 平面上绘制半径 30、回转 20 圈、螺距等于 5 的三维螺旋曲线。

（2）绘制图 1.26 所示的连杆平面图形。

图 1.26　连杆平面尺寸图

任务 6　手柄平面图形绘制

一、任务导入

根据图 1.27 所示，绘制手柄轮廓图，通过该图的练习，掌握平面图形绘制的方法与步骤。

图 1.27　手柄轮廓尺寸图

二、任务分析

由图 1.27 所示的手柄轮廓图可以看出，该图为回转体零件图，圆弧连接较多，所以作图首先用等距线作定位线，然后作已知线段，最后用两点_半径作连接线段。

三、绘制步骤

（1）双击桌面上的《CAXA 制造工程师 2013》快捷方式图标，进入设计界面。在默认状态下，当前坐标平面为 XOY 平面，非草图状态。

（2）在非草图状态下绘制轴线。单击直线按钮，在"立即菜单"中依次选择"两点线"、"单个"、"正交"、"长度方式"，并输入长度值"120"，按【Enter】键结束。捕捉坐标原点为第一点，向右移动鼠标，确认方向正确后单击鼠标，结束绘制直线操作，如图 1.28 所示。

图 1.28　绘制直线

（3）单击直线按钮，在"立即菜单"中依次选择"两点线"、"单个"、"正交"、"长度方式"，并输入长度值 15。捕捉坐标原点为第一点，向上移动鼠标，确认方向正确后单击鼠标，结束绘制直线的操作，如图 1.29 所示。

图 1.29　绘制直线

(4) 单击"等距线"按钮,在"立即菜单"中选择"等距"方式,输入距离值"15"后,按提示拾取曲线,选择等距方向后单击鼠标,结束绘制操作,如图 1.30 所示。

图 1.30 等距线

(5) 画已知圆弧。单击"圆"按钮,在"立即菜单"中选择"圆心_半径"方式,捕捉原点为圆心点,捕捉直线上端点为半径,完成 $R15$ 圆。单击"圆"按钮,在"立即菜单"中选择"圆心_半径"方式,按 Enter 键,在弹出的数据条输入框中输入圆心点(78,0),输入半径值"12",按 Enter 键结束,完成 $R12$ 圆,如图 1.31 所示。

图 1.31 绘制圆

(6) 画中间弧。单击"圆"按钮,在"立即菜单"中选择"两点_半径"方式,按空格键,在弹出的快捷菜单中选择切点。然后拾取已知 $R15$ 圆弧和直线,再按 Enter 键,在弹出的数据条输入框中输入半径值 60,按 Enter 键,结束 $R60$ 中间圆弧的绘制,如图 1.32 所示。

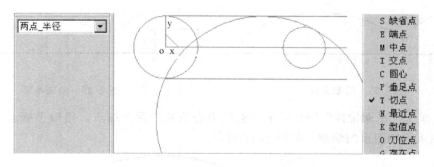

图 1.32 绘制 $R60$ 圆

(7) 画连接弧。单击"圆"按钮,在"立即菜单"中选择"两点_半径"方式,按空格键,在弹出的快捷菜单中选择切点,然后拾取 $R18$ 圆弧和 $R50$ 圆弧上的切点,再按 Enter 键,在弹出的数据条输入框中输入半径值"14",按 Enter 键,结束 $R14$ 中间圆弧的绘制,如图 1.33 所示。

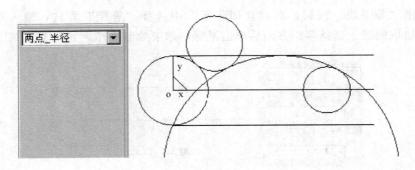

图 1.33　绘制 R14 圆

(8) 单击"曲线裁剪"按钮，在"立即菜单"中依次选择"快速裁剪"，裁掉不需要的圆弧。单击删除按钮，按提示依次拾取要删除的曲线，然后按鼠标右键确认，结束删除操作，如图 1.34 所示。

图 1.34　曲线裁剪

(9) 单击"直线"按钮，在"立即菜单"中依次选择"两点线"、"单个"、"正交"、"长度方式"，并输入长度值 10，按 Enter 键结束。输入坐标（-18，10，0）为第一点，向下移动鼠标，确认方向正确后单击鼠标，结束绘制直线操作。输入长度值"18"，按 Enter 键结束。输入坐标（-18，10，0）为第一点，向右移动鼠标，确认方向正确后单击鼠标，结束绘制直线操作，如图 1.35 所示。

(10) 单击"圆"按钮，在"立即菜单"中选择"圆心_半径"方式，输入坐标（-10，0，0）为圆心点，输入半径 6，按 Enter 键结束 R6 圆的绘制，如图 1.36 所示。

图 1.35　绘制直线　　　　　　　　　图 1.36　绘制小圆

(11) 单击"平面镜像"图标，依次拾取中心线左右两个端点，拾取手柄上半图形，按 Enter 键结束手柄图形的绘制，如图 1.37 所示。

图 1.37　手柄平面图形

四、知识拓展

1. 样条线

样条线功能提供了两种方式：插值方式和逼近方式。

插值方式是指输入一系列的点，系统顺序通过这些点生成一条光滑的样条线。

圆和圆弧与轴线的交点或者用来生成样条线的点统称为型值点。

逼近方式是指顺序输入一系列点，系统根据事先设定的精度生成拟合这些点的光滑样条线。

【操作】可通过单击"样条线"图标激活该功能，再单击"立即菜单"的下拉按钮，切换到不同的样条线绘制方式。

2. 二次曲线

二次曲线功能提供定点和比例两种方式。

定点方式是指给定起点、终点、方向点和肩点，用光标拖动方式生成二次曲线（提示：肩点是二次曲线上的点，而方向点却不是）。

比例方式是指给定比例因子、起点、终点和方向点生成二次曲线。比例因子是二次曲线极小值点，是起点和终点连线的中点到方向点距离的比。

【操作】可通过单击"二次曲线"图标激活该功能，再单击"立即菜单"的下拉按钮，切换到不同的二次曲线绘制方式。

思考与练习

1. 填空

(1) 标准视图有主视图、左视图、（　　　　）、（　　　　）、（　　　　）、（　　　　）。

(2) 公式曲线是根据（　　　　）表达式或（　　　　）表达式所绘制的数学曲线。利用它可以方便地绘制出（　　　　）的样条曲线，以适应某些（　　　　）的设计。

(3) 使用曲线组合把多条首尾相连的曲线组合成一条曲线，可得到两种结果。一种是（　　　　）表示，这种表示要求首尾相连的曲线是（　　　　）。

(4) （　　　　）键可以在三个平面之间进行切换，视向（　　　　）改变。

2. 选择题

(1) 在进行点输入操作时，当在弹出的数据输入框中输入"，，-10"表示（　　）。
A. 输入点距当前点的相对坐标为 $x=10$，$y=10$，$z=10$
B. 输入点距当前点的相对坐标为 $x=0$，$y=0$，$z=10$
C. 输入点距当前点的相对坐标为 $x=0$，$y=0$，$z=-10$

(2) sqrt（9）=（　　）。
A. 3　　　　　B. 9　　　　　C. 81

(3) CAXA 制造工程师保存文件时系统默认的后缀名为（　　）。
A. *.mxe　　　　B. *.epb　　　　C. *.csn

3. 作图题

绘制如图 1.38 所示的平面图形。

图 1.38　平面尺寸图

任务 7　线框立体图绘制

一、任务导入

根据图 1.39 所示的三视图，绘制其线架立体图。通过该图的练习，初步掌握线架造型

图 1.39　线架尺寸图

的方法与步骤。

二、任务分析

从图 1.39 可以看出，该模型由上下两个长方体叠加而成，中间空，四面开孔，形体较为复杂，完成本任务需要用矩形、圆、平移、曲线裁剪等命令，四个侧面作图要注意作图平面的切换。

三、造型步骤

(1) 按 F5 键。

(2) 单击"矩形"图标 □ →中心 _ 长 _ 宽→输入"长度"105→输入"宽度"85。

(3) 拾取坐标原点（矩形中心）→按 F8 键，按回车键→输入"矩形中心"坐标（0，0，10），按回车键→右击→按 F8 键，结果如图 1.40 所示。

(4) 单击"圆弧过渡"图标 →圆弧过渡→输入"半径"20→裁剪曲线1→裁剪曲线2。

(5) 分别拾取两个矩形的边作圆弧过渡→右击，结果如图 1.41 所示。

图 1.40　绘制矩形　　　　　　　　　图 1.41　矩形圆弧过渡

(6) 单击"整圆"图标 ⊕ →圆心 _ 半径。

(7) 拾取坐标原点（圆心坐标）→输入"半径"15→按回车键→右击（表示下个圆的圆心坐标与上个不同）→按回车键→输入"圆心坐标"（0，0，10）→按回车键→输入"半径"15→按回车键→右击，结果如图 1.42 所示。

(8) 单击"矩形"图标 □ →中心 _ 长 _ 宽→输入"长度"86→输入"宽度"56。

(9) 按回车键→输入"矩形中心"（0，0，10）→按回车键→输入"矩形中心"（0，0，45）→按回车键→右击，结果如图 1.43 所示。

图 1.42　绘制圆图形　　　　　　　　图 1.43　绘制矩形

(10) 单击"矩形"图标 □ →中心_长_宽输入"长度"76→输入"宽度"46。

(11) 按回车键→输入"矩形中心"(0, 0, 10)→按回车键→输入"矩形中心"(0, 0, 45)→按回车键→右击，结果如图1.44所示。

(12) 按【F9】键（选取YOZ平面为视图和作图平面），按F8键（轴测图显示）。

(13) 单击"整圆"图标 ⊕ →圆心_半径。

(14) 按回车键→输入"圆心坐标"(43, 0, 25)→按回车键→输入"半径"7→按回车键→右击→输入"圆心坐标"(38, 0, 25)→按回车键→输入"半径"7→按回车键→右击→输入"圆心坐标"(-43, 0, 25)→按回车键→输入"半径"7→按回车键→右击→输入"圆心坐标"(-38, 0, 25)→按回车键→输入"半径"7→按回车键→右击，结果如图1.45所示。

图1.44 绘制矩形

图1.45 绘制左右圆图形

(15) 按F9键→（选取XOZ为视图和作图平面），按F8键。

(16) 单击"整圆"图标 ⊕ →圆心_半径。

(17) 按回车键→输入"圆心坐标"(0, -28, 45)→按回车键→输入"半径"20→按回车键→右击→输入"圆心坐标"(0, -23, 45)→按回车键→输入"半径"20→按回车键→右击→输入"圆心坐标"(0, 28, 45)→按回车键→输入"半径"20→按回车键→右击→输入"圆心坐标"(0, 23, 45)→按回车键→输入"半径"20→按回车键→右击，结果如图1.46所示。

图1.46 绘制前后圆图形

图1.47 曲线裁剪圆图形

(18)单击"曲线裁剪"图标→快速裁剪→正常裁剪。

(19)按 PageUp 键,放大显示图形→移动光标键,使图形处于方便操作的位置→拾取被裁剪的圆或直线不需要保留的部分→右击→按 PageDown 键,结果如图 1.47 所示。

(20)单击"直线"图标→两点线→单根→非正交。

(21)按空格键→E 端点→对照图拾取各端点,依次绘出全部连线→右击结束,如图 1.48 所示。

图 1.48 线框立体图

四、知识拓展

CAXA 制造工程师软件为曲线编辑提供了曲线裁剪、曲线过渡、曲线打断、曲线组合、曲线拉伸等功能。用户可以利用这些功能,方便快捷地编辑图形,从而提高造型速度。

1. 曲线裁剪

曲线裁剪是指用一给定的曲线做剪刀,裁掉另一曲线上不需要的部分,得到新的曲线。可通过单击"曲线裁剪"图标激活该功能。

快速裁剪是指用鼠标拾取的部分被裁剪掉。分为正常裁剪和投影裁剪两种。

修剪是指用拾取一条或多条曲线作剪刀线对一系列被裁剪曲线进行裁剪,拾取的部分被裁掉。

线裁剪是指以一条曲线作剪刀线对其他曲线进行裁剪,拾取的部分留下。

点裁剪是指利用点作剪刀对曲线进行裁剪,拾取的部分将被留下。

2. 曲线过渡

曲线过渡是对指定的两条曲线进行圆弧过渡、倒角或尖角过渡,以生成新曲线或尖点。可通过单击"曲线过渡"图标激活该功能。

圆弧过渡是指在两条曲线之间用给定半径的圆弧进行光滑过渡。

倒角是指对给定的两条直线之间进行倒角过渡。

尖角过渡是指在给定的两条曲线之间进行呈尖角形状的过渡。作尖角过渡的两条曲线可以直接相交,过渡后两条曲线相互裁剪;也可以不直接相交,但必须有交点存在,再通过查询操作,可快速求出两个不直接相交曲线的交点坐标。

3. 曲线打断

曲线打断是指在一条曲线上用指定点对曲线打断,形成两条曲线。可通过单击"曲线打断"图标 激活该功能。

4. 曲线组合

曲线组合是指把拾取到的多条相连接的曲线组合成一条样条线。分为保留原曲线和删除原曲线两种。可通过单击"曲线组合"图标 激活该功能。

思考与练习

1. 填空

(1) 轨迹在绘制图形过程中,经常需要绘制辅助点以帮助曲线、特征、加工轨迹等(   )。

(2) 在 CAXA 制造工程师,欲显示旋转,可使用(   )或使用(   )。

(3) 曲线剪裁是指利用(   )对给定的曲线进行(   ),剪裁掉曲线(   )的部分,得到新的曲线。

2. 选择题

(1) 在进行点输入操作时,当在弹出的数据输入框中输入"10,10,−10"表示(   )。

A. 输入点距当前点的相对坐标为 $x=10$,$y=10$,$z=10$
B. 输入点距当前点的相对坐标为 $x=10$,$y=10$,$z=-10$
C. 输入点距当前点的相对坐标为 $x=0$,$y=0$,$z=-10$

(2) sqrt(81)=(   )

A. 3   B. 9   C. 81

(3) CAXA 制造工程师布尔运算所需要的文件默认的后缀名为(   )。

A. *.mxe   B. *.X_T   C. *.csn

3. 作图题

(1) 绘制如图 1.49 所示的平面图形。

图 1.49 平面尺寸图

(2) 根据轴测图（图 1.50）绘制其线架立体图，厚度为 10mm。

图 1.50　盘盖零件尺寸图

项目小结

通过本项目主要学习 CAXA 制造工程师的工作环境及设定、基本操作和常用工具，常见曲线的绘制和编辑方法，在曲面造型和实体造型中，创建和编辑曲线是最基本的，点、线的绘制，是线架造型、曲面造型和实体造型的基础，所以该部分内容应熟练掌握。在使用曲线编辑功能时，要注意利用空格键进行工具点的选取和使用，利用好这些功能键，可以大大地提高绘图效率。学习中应注意总结操作经验，不断提高曲线绘制和编辑能力。

项目实训

1. 绘制如图 1.51 所示的二维图形。

提示：用等距线绘制定位线，然后用圆 _ 两点半径方式作弧线，最后修剪完成。

2. 绘制如图 1.52 所示的三维图形。

3. 按照如图 1.53 所示分别绘制鼠标的两个视图（二维图形）。图中顶边曲线是样条线，当底边直线与坐标系 X 轴线重合时，样条线上型值点坐标分别是（-70，90）、（-40，95）、（-20，100）和（30，85）。

4. 绘制如图 1.54 所示的二维平面图形。

图 1.51 端盖零件尺寸图

图 1.52 弹簧零件尺寸图

图 1.53 鼠标零件尺寸图

图 1.54 平面尺寸图

项目2 几何变换

CAXA 制造工程师在为用户提供丰富的线架造型功能的同时,也提供对点、曲线和曲面有效、对实体无效的平移、平面旋转、旋转、平面镜像、镜像、阵列、缩放的几何变换功能,进一步提高线架造型和曲面造型的速度,避免重复性劳动。

【技能目标】
- 掌握平移、旋转、镜像、阵列等几何变换操作方法。
- 灵活运用几何变换方法,简化作图,提高绘图效率。
- 培养平面图和线架立体图的绘制能力。

任务1 六角螺母的线框造型

一、任务导入

绘制图 2.1 所示螺母的线框造型。

图 2.1 螺母零件尺寸图

二、任务分析

螺母为六边形,上下由双曲线围成,可用"正多边形"、"圆"等工具完成,但螺母有六个侧面,为作图方便,先创建新坐标系,作出一个侧面后通过"阵列"工具完成任务。

三、造型步骤

(1) 单击"正多边形"图标 ⬡ →中心→输入"边数"6→内接。

(2) 捕捉中心坐标点→按回车键→输入边起点坐标(-28,0)→回车结束,如图2.2所示。

(3) 单击"工具"菜单,选择"创建坐标系",如图2.3所示,拾取六边形前面一边的中点为坐标系原点,创建yyy新坐标系。

图 2.2 绘制六边形

图 2.3 创建坐标系

(4) 按F7键,单击"等距"图标 ⬈ ,向上等距20mm,向上等距22mm,作半径$R42$的圆,结果如图2.4所示,同理作下面$R42$的圆,修剪后如图2.5所示。

(5) 按F8键,单击"工具"菜单,选择"激活坐标系",选择激活sys系统坐标系,如图2.6所示。

(6) 单击"阵列"图标 ⬚ ,选择圆形阵列,单击坐标中心,拾取阵列对象,结果如图2.7所示。

(7) 单击"圆"图标 ⊕ ,绘制直径为28的圆。单击"平移"图标 ▣ →偏移量→拷贝→输入"DX"0→输入"DY"0→输入"DZ"20,选择直径为28的圆,结果如图2.8所示。

图 2.4 绘制六边形侧面圆

图 2.5 修剪后图形

图 2.6 激活 sys 系统坐标系

四、知识拓展

1. 平移

平移是指对拾取的图素相对于原位置进行移动或拷贝。可通过单击"平移"图标 激活该功能。该功能有"偏移量"方式和"两点"方式。

"偏移量"方式是指给出在 X、Y、Z 三个坐标轴上的相对移动量,实现图素的移动或拷贝。

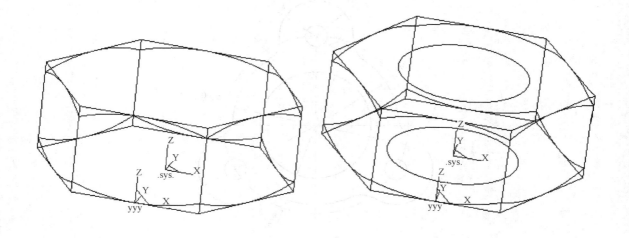

图 2.7 阵列图形　　　　　　　　　　　图 2.8 绘制圆

"两点"方式是指给定要平移的元素的基点和目标点,实现图素的移动或拷贝。

【操作】可通过单击"平移"图标 激活该功能。

2. 阵列

阵列是指对拾取的图素按圆形或矩形方式进行阵列拷贝。

矩形方式是指对拾取到的图素按给定的行数、行距、列数、列距及角度的阵列拷贝。

圆形阵列时,图案以原始图案为起点,按逆时针方向旋转而成。矩形阵列时,图案以原始图案为起点,沿轴的正向排列而成。角度指与轴的夹角。作图平面不同,图案排列方式也不同。

【操作】可通过单击"阵列"图标 激活该功能。

① 单击"造型",指向下拉菜单"几何变换",单击"阵列",或者直接单击按钮。

② 在立即菜单中选择方式,并根据需要输入参数值。

③ 拾取阵列元素,按右键确认,阵列完成。

思考与练习

1. 填空

(1) 几何变换共有几种方式:(　　　)、(　　　)、(　　　)、(　　　)、(　　　)、(　　　)、(　　　)。

(2) CAD/CAM 就是(　　　)和(　　　)的简称。

(3) [PageUP]、[PageUPDown] 或 [Ctrl] +方向键显示(　　　)。

2. 判断题

(　　)(1) 曲线裁剪是指用一给定的曲线做剪刀,裁掉另一曲线上不需要的部分。

(　　)(2) 圆形阵列时,图案以原始图案为起点,按顺时针方向旋转而成。

3. 作图题

(1) 绘制图 2.9 所示的平面图形。

图 2.9　平面尺寸图

（2）绘制图 2.10 所示的线架造型。

图 2.10　线架造型尺寸图

任务 2　花瓶平面图形绘制

一、任务导入

对如图 2.11 所示的样条线，作围绕 X 轴、份数 1、角度 180°的旋转拷贝。

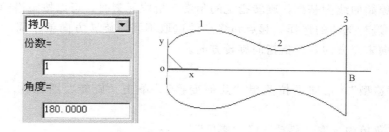

图 2.11 花瓶平面图

二、任务分析

花瓶平面图形较简单,上下对称,可用"旋转"工具拷贝完成。

三、造型步骤

(1) 按 F5 键。

(2) 单击"直线"图标➘→两点线→单根→正交。

(3) 拾取坐标原点→沿 X 轴方向任一点处单击,生成一条 OB 直线,如图 2.11 所示。

(4) 单击"样条线"图标∿→插值→缺省切矢→开曲线。

(5) 按回车键→输入"点坐标"(0,0)→按回车键→按回车键→输入"点坐标"(19,16)→回车键→输入"点坐标"(42,8)→按回车键→输入"点坐标"(68,18)→按回车键→右击结束,结果如图 2.11 所示。

(6) 单击"旋转"图标→拷贝→输入拷贝份数 1→输入角度值 180。

(7) 拾取直线一个端点 O→拾取直线另一个端点 B→拾取样条线 $O123$→右击结束,结果如图 2.11 所示。

四、知识拓展

1. 平面旋转

对拾取到的曲线或曲面进行同一平面上的旋转或旋转拷贝。旋转是指对拾取到的图素围绕空间线为对称轴作旋转移动或旋转拷贝。可通过单击"旋转"图标激活该功能。

【操作】

① 单击"造型",指向下拉菜单"几何变换",单击"平面旋转",或者直接单击按钮。出现平面旋转的立即菜单。

② 在立即菜单中选取"移动"或"拷贝",输入角度值,指定旋转中心,按右键确认,平面旋转完成。平面旋转有拷贝和平移两种方式。拷贝方式除了可以指定旋转角度外,还可以指定拷贝份数。

2. 旋转

旋转是指对拾取到的图素围绕空间线为对称轴作旋转移动或旋转拷贝。可通过单击"旋转"图标激活该功能。

旋转是以原始曲线为基准，旋转指定的角度。拾取元素时，可以按空格键，弹出"选择集拾取工具"，进行选项的选择。起点和终点的选取不同，旋转方向就不同，按照右手螺旋法则：拇指指向末点方向，四指指向旋转方向。

【操作】
① 单击"造型"，指向下拉菜单"几何变换"，单击"旋转"图标，或者直接单击按钮。
② 在立即菜单中选取"移动"或"拷贝"。
③ 拾取旋转轴首点，旋转轴末点，拾取旋转元素，按右键确认，旋转完成。

思考与练习

1. 填空
（1）平面旋转是对拾取到的曲线或曲面进行（　　　）的旋转或旋转拷贝。平面旋转有（　　　）和（　　　）两种方式。
（2）旋转是对拾取到的曲线或曲面进行（　　　）的旋转或旋转拷贝。旋转有拷贝和平移两种方式。拷贝方式除了可以指定旋转角度外，还可以指定（　　　）。
（3）旋转方向的判别采用（　　　）。

2. 判断题
（　　）（1）平面旋转中的旋转角度是以原始曲线为基准，沿逆时针方向旋转的角度。
（　　）（2）在几何变换中有两种旋转功能：平面旋转和旋转，它们的作用是相同的。
（　　）（3）旋转是指对拾取到的图素围绕空间线为对称轴作旋转移动或旋转拷贝。旋转是以原始曲线为基准，旋转指定的角度。起点和终点的选取不同，旋转方向就不同，按照右手螺旋法则：拇指指向末点方向，四指指向旋转方向。

3. 作图题
（1）绘制图 2.12 所示的平面图形。

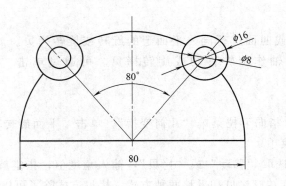

图 2.12　平面尺寸图

（2）绘制图 2.13 所示的平面图形。

项目2 几何变换

图 2.13 拨叉零件尺寸图

任务 3　1/4 直角弯管三维图形绘制

一、任务导入

绘制如图 2.14 所示直角弯管的三维线架图形。

图 2.14 直角弯管尺寸图

二、任务分析

从图 2.14 可分析直角弯管由 1/4 半圆曲面和平面围成，可以先用直线等功能绘制下半部分,然后用平移工具复制上半部分,最后用圆弧工具在 XOY 和 YOZ 面上绘制 1/4 圆弧。

三、绘制步骤

(1) 双击桌面上的《CAXA 制造工程师》快捷方式图标,进入设计界面。在默认状态下,当前坐标平面为 XOY 平面,非草图状态。

(2) 单击"矩形"图标□→中心_长_宽→输入"长度"120,回车→输入"宽度"120。

(3) 按回车键→输入"中心坐标"(0,0)→按回车键→右击结束。

(4) 单击"直线"图标╲→两点线→连续→正交(非正交也可以)→点方式。

图 2.15 绘制矩形

图 2.16 曲线组合

(5) 捕捉各边中点连直线,结果如图 2.15 所示。

(6) 单击"剪裁"图标→单击剪裁多余线→回车结束。

(7) 单击"圆弧过渡"图标→圆弧过渡→输入"半径"30→输入"精度"0.01→裁剪曲线 1→裁剪曲线 2。

(8) 分别拾取两条裁剪曲线→右击结束。

(9) 单击"曲线组合"图标→按空格键→弹出拾取快捷菜单,选择"单个拾取"→拾取要组合的曲线,结果如图 2.16 所示。

(10) 单击"平移"图标→偏移量→拷贝→输入"DX"0→输入"DY"0→输入"DZ"60。

(11) 拾取正后边线→右击结束。

(12) 单击"直线"图标╲→两点线→连续→非正交→点方式。

(13) 捕捉连接上下各对应点。

(14) 按 F9 键,选 XOZ 平面为作图平面→单击"圆弧"图标→选取"圆心_起点_圆心角"→拾取圆心点 1(左角点)→拾取起点 2→拾取上直线端点 3→作圆弧,如图 2.17 所示。

图 2.17 绘制左圆弧

图 2.18 绘制右圆弧

(15) 按【F9】键,选 YOZ 平面为作图平面→拾取圆心点 1(右角点)→拾取起点 2→拾取直线左端点 3→作圆弧,如图 2.18 所示。

提示:拾取元素采用"框选"时,如果用鼠标在图形左上方单击拾取一点,再到图形右下方拾取一点进行"框选",则在框内的所有元素被选中,与框交叉或在框外的元素不被选中。反过来,如果用鼠标在图形右下方单击拾取一点,再到图形左上方拾取一点后进行"框选",则在框内和框交叉的所有元素都被选中,在框外的元素不被选中。

四、知识拓展

1. 缩放

缩放是指对拾取到的图素进行按比例放大或缩小。

【操作】可通过单击"缩放"图标 ▣ 激活该功能。

2. 经验总结

利用几何变换可以大大地简化作图过程,提高作图效率。作图时,常需要将曲线或图移动或复制到其他地方。在线架非"草图绘制"模式下,不能利用作辅助基准面的办法,作某方向上的相同(或相似的)曲线。而用"等距线"的方法有时又受到限制,曲线"投影"只能在"草图绘制"时使用。因此,"平移"功能在作图中的使用频率较高。"缩放"功能能在造型完成后,使用的机会也很多,如塑料模具在加工过程中,是要考虑塑料的"缩水率"的。但是,在进行模具造型时,一般都是按标注的公称尺寸作图,并不考虑每个尺寸的缩放问题。可以在造型完成以后,再统一考虑图形的缩放,这样使作图更准确可靠一些。在使用这些功能时,注意区别"平面旋转"与"旋转"、"平面镜像"与"镜像"的不同。

=== 思考与练习 ===

1. 用矩形方式对圆心坐标(0,0)、半径 15 的圆,作行数 1、行距 0、列数 4、列距 20、角度 60 的阵列拷贝,如图 2.19 所示。

图 2.19 阵列平面图

2. 按如图 2.20 所示绘制平面图形。

提示:使用圆、阵列、等距、修剪等功能。

图 2.20　平面尺寸图

任务 4　六角花平面图形绘制

一、任务导入

根据图 2.21 所示的六角花平面图形，综合运用平面绘图命令和几何变换方法，绘制其平面图形。通过该图的练习，应熟练掌握三角形、修剪、镜像、旋转等命令的用法，掌握绘图操作技巧，提高绘制平面图形的能力。

二、任务分析

从图 2.21 可以看出，该图为六角花平面图形，先画圆形、一个三角形，然后画圆弧，再通过旋转、镜像得到整体图形。

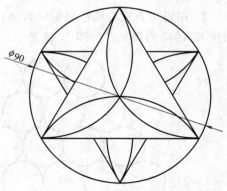

图 2.21　六角花平面图形

三、绘制步骤

(1) 按 F5 键→单击 "整圆" 图标 ⊕→圆心_半径。

(2) 按回车键→输入 "圆心坐标"(0，0)→输入 "半径" 45→按回车键。

(3) 单击 "正多边形" 图标 ⬡→中心→输入 "边数" 3，内接。

(4) 按空格键→在 "工具点" 菜单中选取 C 圆心→按空格键→N 最近点→拾取圆边界

上的 C 点→右击，结果如图 2.22 所示。

（5）单击"圆弧"图标 ⊕→三点圆弧→捕捉 C 点、A 点、D 点→同样捕捉其他点完成如图 2.23 所示的图形。

（6）单击阵列图标 →圆心→均布→输入"份数"3。

（7）拾取圆弧 CAD→右击→拾取圆心 A 点→右击结束，结果如图 2.24 所示。

（8）单击"平面镜像"图标 →拷贝。

（9）拾取直线一端点 A→拾取直线另一端点 H→拾取梅花圆弧线→右击结束，结果如图 2.25 所示。

（10）单击"曲线裁剪"图标 →快速裁剪→正常裁剪。

（11）拾取需要裁剪的部分→右击结束。

（12）单击"删除"图标 →逐个拾取要删除的元素→右击结束，结果如图 2.26 所示。

图 2.22　绘制三角形　　　图 2.23　绘制圆弧　　　图 2.24　阵列圆弧

图 2.25　平面镜像　　　　　　　　图 2.26　六角花平面图

四、知识拓展

几何变换是对图形元素进行平移、平面旋转、旋转、平面镜像、镜像、阵列和缩放等操作。它们主要是对曲线、曲面进行操作，运用得好可以简化作图，提高绘图效率。

1. 平面镜像

对拾取到的曲线或曲面以某一条直线为对称轴，进行同一平面上的对称镜像或对称拷贝。平面镜像有拷贝和平移两种方式。

【操作】可通过单击"平面镜像"图标激活该功能。
① 单击"造型",指向下拉菜单"几何变换",单击"平面镜像",或者直接单击按钮。
② 在立即菜单中选取"移动"或"拷贝"。
③ 拾取镜像轴首点、镜像轴末点,拾取镜像元素,按右键确认,平面镜像完成。

2. 镜像

镜像与平面镜像类似,是对曲线或曲面进行空间上的对称镜像或对称拷贝。镜像与平面镜像不同的是需拾取镜像平面(可拾取平面上的三点来确定一个平面)。

【操作】可通过单击"镜像"图标激活该功能。
① 单击"造型",指向下拉菜单"几何变换",单击"镜像",或者直接单击按钮。
② 在立即菜单中选取"移动"或"拷贝"。
③ 拾取镜像元素,按右键确认,镜像完成。

思考与练习

1. 完成如图 2.27(b)所示的图形,再以 CD 直线为对称轴作平面镜像拷贝,如图 2.28 所示。

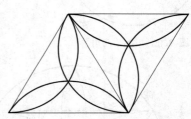

图 2.27 平面图形　　　　　图 2.28 平面镜像拷贝图

2. 用均布方式,如图 2.29 所示对 XOY 平面上 CAB 圆弧作拷贝份数 6 的圆形阵列,结果如图 2.30 所示。

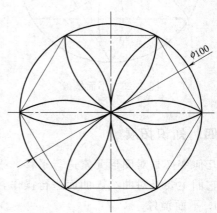

图 2.29 圆弧平面图　　　　　图 2.30 圆形阵列图

项目小结

本项目主要学习几何变换中对图形元素进行平移、平面旋转、旋转、平面镜像、镜像、阵列和缩放等功能的基本操作,树立作图的基本思维方法,尽量简化作图过程,提高作图效率。通过典型工作任务的学习,使读者快速掌握并熟练运用几何变换操作方法。

项目实训

1. 绘制如图 2.31 和图 2.32 所示的三维线架图形。

图 2.31 线架造型尺寸图(一)

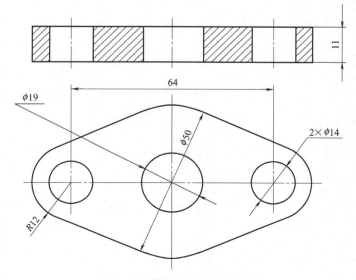

图 2.32 线架造型尺寸图(二)

2. 按如图 2.33 和图 2.34 所示绘制二维平面图形。

图 2.33 花键平面图形

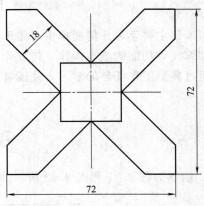

图 2.34 十字结平面图形

项目3 曲面造型

曲面造型是使用各种数学曲面方式表达三维零件形状的造型方法。随着计算机计算能力的不断提升和曲面模型化技术的进步，现在 CAD/CAM 系统使用曲面已经能够完整准确地表现一个特别复杂零件的外形，如汽车、飞机、金属模具、塑料模具等的复杂外形。CAXA 制造工程师提供了丰富的曲面造型手段，构造完决定曲面形状的关键线框后，就可以在线框基础上，选用各种曲面的生成和编辑方法，在线框上构造所需定义的曲面来描述零件的外表面。本项目是学习 CAXA 制造工程师中直纹面、旋转面、扫描面、边界面、放样面、网格面、导动面、等距面、平面、实体表面、曲面裁剪、过渡、拼接、缝合和延伸等曲面造型和编辑功能。

【技能目标】
- 掌握直纹面、旋转面、扫描面、边界面、放样面、网格面等曲面生成的方法。
- 掌握曲面的常用编辑命令及操作方法。
- 理解并基本掌握曲面造型的一般步骤和技巧。
- 灵活运用曲面造型和编辑方法构建各种复杂曲面图形。

任务1 圆柱体曲面造型

一、任务导入

绘制 φ80，高度为 60 的圆柱体曲面模型。

二、任务分析

用圆心坐标（0，0，0）、半径为 40 的圆和将其平移拷贝 DZ=60 后得到的圆生成直纹面。

三、绘制步骤

(1) 绘制圆心坐标（0，0，0）、半径 40 的圆。
(2) 按 F8 键→单击"平移"图标 →平移→偏移量→拷贝→输入"DZ"60。
(3) 拾取圆→右击，结果如图 3.1 (a) 所示。
(4) 单击"直纹面"图标 →曲线+曲线。

(5) 分别拾取两个圆大致相同的位置→右击结束,结果如图 3.1 (b) 所示。

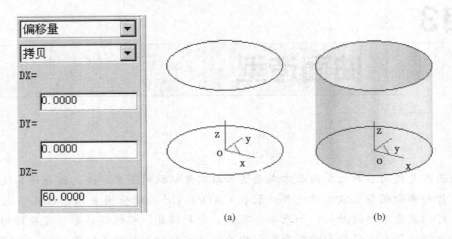

图 3.1 圆柱体曲面模型

提示：拾取两条曲线时一定要在同侧端点或圆和圆弧大致相同的位置,否则生成的直纹面会发生扭曲现象。在拾取曲线时,不能用链拾取,它只能拾取单根线。如果一个封闭图形有尖角过渡,直纹面必须分别作出,才能围成直纹面图形,它不是整体式的。对于曲线为圆、圆弧、椭圆、组合曲线等线与线之间无尖角过渡的曲线,系统将作为一条曲线进行拾取,形成一个整体的直纹面。

四、知识拓展

直纹面是指一根直线的两端点分别在两条曲线上匀速运动而形成的轨迹曲面。直纹面生成有 3 种方式：曲线＋曲线、点＋曲线和曲线＋曲面,如图 3.2 所示。

曲线＋曲线是指在两条曲线之间生成直纹面。点＋曲线是指在一个点和一条曲线之间生成直纹面。曲线＋曲面是指在一条曲线和一个曲面之间生成直纹面。

图 3.2 直纹面立即菜单

【操作】可通过单击"直纹面"图标激活该功能。

① 单击"造型",指向下拉菜单"曲面生成",单击"直纹面",或单击直纹面图标,出现直纹面立即菜单。
② 在立即菜单中选择直纹面生成方式。
③ 按状态栏的提示操作,生成直纹面。

思考与练习

1. 填空

(1) 在生成直纹面时,当生成方式为"曲线＋曲面"时,输入方向时可利用(　　　)。
(2) 直纹面是由(　　　)分别在两图形对象上(　　　)而形成的轨迹曲面。
(3) 在生成直纹面时,在需要一些矢量工具菜单时,按(　　　),即可弹出工具菜单。

2．判断题

（　　）（1）在生成直纹面时，在需要一些矢量工具菜单时，按回车键即可弹出工具菜单。

（　　）（2）在生成直纹面时，当生成方式为"曲线＋曲线"时，如系统提示"拾取失败"，可能是由于拾取位置中没有这种类型的曲线。

（　　）（3）直纹面是指一根直线的两端点分别在两条曲线上匀速运动而形成的轨迹曲面。拾取两条曲线时一定要在同侧端点或圆和圆弧大致相同的位置，否则生成的直纹面会发生扭曲现象。

3．作图题

根据三视图（图 3.3）绘制其曲面立体图。

图 3.3　曲面造型尺寸图

任务 2　台灯罩曲面造型

一、任务导入

绘制如图 3.4 所示台灯罩曲面模型。

二、任务分析

通过图 3.4 所示可知道台灯罩曲面是由回转中线的圆柱曲面和球形曲面围成。所以可先绘制一半图形，然后用"旋转面"功能生成外围曲面。

图 3.4　台灯罩曲面模型尺寸图

三、造型步骤

（1）按 F7 键，根据已知条件绘制母线，再绘制一条起点为坐标系原点，终点为 Z 轴上任一点的直线，作为旋转轴线，如图 3.5 所示。

（2）单击"旋转面"图标 →输入"起始角" 0°→输入"终止角" 360°。

（3）拾取与 Z 轴重合的旋转轴线→拾取向上的箭头→拾取母线→右击结束，结果如图 3.6 所示。

图 3.5　旋转面母线　　　　　　　　　图 3.6　台灯罩曲面模型

提示：

(1) 提示旋转线和旋转轴不要相交。在拾取母线时，可以利用曲线拾取工具菜单（按空格键）。选择的箭头方向与曲面旋转方向两者遵循右手螺旋法则。旋转时以母线的当前位置为零起始位置。

(2) 如果旋转生成的是球面，其上半部分要被加工制造的，则不能做成二分之一的圆旋转180°，而应做成四分之一的圆旋转360°，否则法线方向不对，以后无法加工。

四、知识拓展

1. 旋转面

旋转面是指按给定的起始角度、终止角度，将曲线（也称母线）绕一轴线旋转而生成的轨迹曲面。

起始角是指生成曲面的起始位置与母线和旋转轴构成平面的夹角。

终止角是指生成曲面的终止位置与母线和旋转轴构成平面的夹角。

【操作】可通过单击"旋转面"图标激活该功能。

① 单击"造型"，指向下拉菜单"曲面生成"，单击"旋转面"，或单击旋转面图标，出现旋转面立即菜单。

② 输入起始角和终止角角度值。

③ 拾取空间轴线为旋转轴，并选择方向。

④ 拾取空间曲线为母线，生成旋转面。

2. 扫描面

扫描面是指按给定的起始位置和扫描距离，将曲线沿指定方向以一定的锥度扫描生成的曲面。

起始距离：是指生成曲面的起始位置与曲线平面沿扫描方向上的间距。

扫描距离：是指生成曲面的起始位置与终止位置沿扫描方向上的间距。

扫描角度：是指生成的曲面母线与扫描方向的夹角。

【操作】可通过单击"扫描面"图标激活该功能。

思考与练习

1. 填空

(1) 旋转面是指按给定起始角度、终止角度，将曲线绕一轴线旋转而生成的轨迹曲面。起始角是指生成曲面的起始位置与母线和旋转轴构成平面的（　　　　）。终止角是指生成曲面的（　　　　）与母线和旋转轴构成平面的夹角。

(2) 曲面造型是直接使用各种数学方式表达零件形状的造型方法。曲面生成方式共有十种：（　　　　　　　　）。

(3) 在生成旋转曲面时，在拾取母线时，选择方向的箭头与曲面旋转方向两者应遵循（　　　）法规，旋转时以母线的（　　　　）位置为（　　　　）。

2. 判断题

（　）(1) 在生成旋转曲面时，旋转母线和旋转轴不能相交。

(　　)(2) 旋转面是指按给定起始角度、终止角度，将曲线（也称母线）绕一轴线旋转而生成的轨迹曲面。

(　　)(3) 如果旋转生成的是球面，而其上面的部分要被加工制造，要做成四分之一的圆转180°，否则法线方向不对，以后无法加工。

3. 作图题

根据二视图（图3.7、图3.8）绘制其曲面立体图。

图3.7　曲面造型尺寸图（一）

图3.8　曲面造型尺寸图（二）

任务3　弯管三维图形绘制

一、任务导入

绘制图3.9所示的弯管三维曲面图形。

二、任务分析

用XOY平面上圆心坐标（0,0）、半径30的圆作截面线，沿型值点（0,0,0）、（0,0,30）、（0,20,45）的插值样条线生成平行导动的导动面。

用XOZ平面上圆心坐标（0,0）、半径30的圆和样条线的终点为圆心且垂直于样条线、半径为12的圆作截面线，沿型值点（0,0,0）、（0,0,30）、（0,20,45）的插值样条线（导动线）生成双截面线固接导动的导动面。

三、绘制步骤

（1）在 YOZ 平面上绘样条线，在 XOY 平面上绘圆，如图 3.9（a）所示。

（2）单击"导动面"图标 →平行导动。

（3）拾取样条线（导动线）→拾取向上的箭头→拾取圆→右击结束，结果如图 3.9（b）所示。

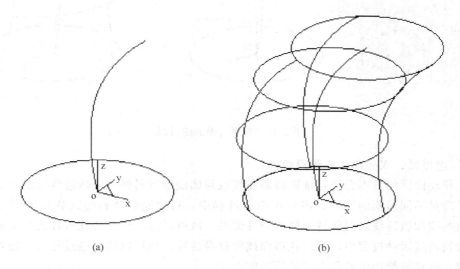

图 3.9 弯管三维曲面图形

提示：平行导动是指截面线沿导动线移动过程中始终平行于它最初的空间位置导动生成曲面。截面线扫动距离由导动线长度决定。

（4）在 YOZ 平面上绘样条线，在 XOY 平面上绘半径 30 的圆。

（5）按 F9 键，切换到 XOZ 平面。

（6）单击"整圆"图标 →圆心 _ 半径。

（7）拾取型值点（0，20，45）→按回车键，输入"半径"12，结果如图 3.10（a）所示。

（8）单击"导动面"图标 →固接导动→双截面线。

（9）拾取样条线→拾取向上的箭头→拾取大圆→拾取小圆→右击结束，结果如图 3.10（b）所示。

提示：固接导动是指截面线在沿导动线移动过程中始终保持最初与导动线之间匡定的空间夹角关系不变导动生成的曲面。固接导动有单截面线和双截面线两种，也就是说截面线可以是一条或两条。"双截面线"导动时，箭头所指方向的截面线应选取（作为第二条截面曲线）。

四、知识拓展

导动面是指特征截面线沿着特征轨迹线的某一方向扫动生成的曲面。可通过单击"导动面"图标 激活该功能。导动面生成有 6 种方式：平行导动、固接导动、导动线 & 平面、

图 3.10 弯管三维曲面图形

导动线 & 边界线、双导动线和管道曲面。

生成导动曲面的基本思想：选取截面曲线或轮廓线沿着另外一条轨迹线导动生成曲面。

为了满足不同形状的要求，可以在扫动过程中，对截面线和轨迹线施加不同的几何约束，让截面线和轨迹线之间保持不同的位置关系，就可以生成形状变化多样的导动曲面。如截面线沿轨迹线运动过程中，可以让截面线绕自身旋转，也可以绕轨迹线扭转，还可以进行变形处理，这样就能产生各种方式的导动曲面。

1. 平行导动

截面线沿导动线趋势始终平行它自身地移动而生成曲面，截面线在运动过程中没有任何旋转。

【操作】

① 单击"造型"，指向下拉菜单"曲面生成"，单击"导动面"，或单击导动面图标。出现导动面立即菜单。

② 选择"平行导动"方式。

③ 拾取导动线，并选择方向。

④ 拾取截面曲线，生成导动面。

2. 固接导动

在导动过程中，截面线和导动线保持固接关系，即让截面线与导动线的切矢方向保持相对角度不变，而且截面线在自身相对坐标架中的位置关系保持不变，截面线沿导动线变化的趋势导动生成曲面。固接导动有单截面线和双截面线两种。

【操作】

① 单击"造型"，指向下拉菜单"曲面生成"，单击"导动面"，或单击导动面图标，出现导动面立即菜单。

② 选择"固接导动"方式。

③ 选择单截面线或双截面线。

④ 拾取导动线，并选择方向。

⑤ 拾取截面曲线（若是双截面，应拾取两条截面线）生成导动面。

3. 导动线 & 平面

截面线按一定规则，沿一个平面或空间导动线（脊线）扫动生成的曲面。保证截面线沿某个平面的法向导动。这种导动方式尤其适用于导动线是空间曲线的情形，截面线可以是一条或两条。

【操作】

① 单击"造型"，指向下拉菜单"曲面生成"，单击"导动面"，或单击导动面图标。出现导动面立即菜单。

② 选择"导动线 & 平面"方式。

③ 选择单截面线或双截面线。

④ 输入平面法矢方向。按空格键，弹出矢量工具选择方向。

⑤ 拾取导动线，并选择导动方向。

⑥ 拾取截面线（若是双截面线导动，应拾取两条截面线）生成导动面。

4. 导动线 & 边界线

截面线按以下规则沿一条导动线扫动生成曲面。规则：运动过程中截面线平面始终与导动线垂直；运动过程中截面线平面与两边界线需要有两个交点；对截面线进行缩放，将截面线横跨于两个交点上。截面线沿导动线如此运动时就与两条边界线一起扫动生成曲面。

导动线 & 边界线：——双截面线、变高导动面的生成过程。

【操作】

① 单击"造型"，指向下拉菜单"曲面生成"，单击"导动面"，或单击导动面图标，出现导动面立即菜单。

② 选择"导动线 & 边界线"方式。

③ 选择等高或变高。

④ 拾取导动线，并选择导动方向。

⑤ 拾取第一条边界曲线。

⑥ 拾取第二条边界曲线。

⑦ 拾取截面线，若是双截面线导动，应拾取两条截面线，生成导动面。

5. 双导动线

将一条或两条截面线沿着两条导动线匀速地扫动生成曲面。

【操作】

① 单击"造型"，指向下拉菜单"曲面生成"，单击"导动面"，或单击导动面图标。出现导动面立即菜单。

② 选择"双导动线"方式。

③ 选择单截面线或者双截面线。

④ 选择等高或变高。

⑤ 拾取第一条导动线，并选择导动方向。

⑥ 拾取第二条导动线，并选择导动方向。

⑦ 拾取截面曲线（在第一条导动线附近）。若是双截面线导动，应拾取两条截面线（在第一条导动线附近），生成导动面。

6. 管道曲面

给定起始半径和终止半径的圆形截面沿指定的中心线扫动生成曲面。

【操作】

① 单击"造型",指向下拉菜单"曲面生成",单击"导动面",或单击导动面图标。
② 选择"管道曲面"方式。
③ 填入起始半径、终止半径和精度。
④ 拾取导动线,并选择导动方向生成导动面。

思考与练习

1. 按如图 3.11 所示给定的尺寸,用曲面造型方法生成三维曲面立体图。

提示:侧面上的半圆曲面可用直纹面的点+曲线方式生成,因此要先在半圆的圆心绘制一个点。

图 3.11 曲面造型尺寸图

2. 按如图 3.12 所示给定的尺寸,作相贯体的三维曲面立体图。

图 3.12 相贯体曲面造型尺寸图

任务 4　手柄曲面造型

一、任务导入

绘制如图 3.13 所示的手柄曲面造型。

图 3.13　手柄曲面造型尺寸图

二、任务分析

手柄外形为光滑曲面，可先作如图 3.14 所示的外形图，然后在各要素交点和中点处作圆截面，通过放样面生成手柄光滑曲面。

三、造型步骤

（1）根据已知条件先绘制如图 3.14 所示的外形平面图。

图 3.14　手柄外形平面图

图 3.15　绘制直线

（2）单击主菜单中的应用，指向曲线生成，单击直线，或者直接单击 按钮，在手柄各要素交点和中点处作直线，结果如图 3.15 所示。

（3）单击"整圆"图标 ⊕→圆心_半径，捕捉各直线中点为圆心，捕捉各直线端点为半径作圆，结果如图 3.16 所示。

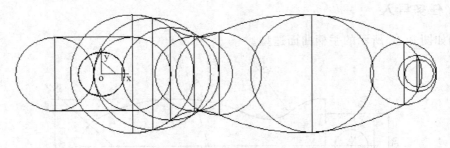

图 3.16　绘制圆线

（4）单击"旋转"图标 →拷贝→输入拷贝份数 1→输入角度值 90，拾取直线一个端点→拾取直线另一个端点→圆→右击结束，结果如图 3.17 所示。

图 3.17　旋转圆

（5）单击"放样面"图标 →曲面边界，拾取如图 3.17 所示的各截面圆，结果如图 3.18 所示。

图 3.18　放样面曲面

(6) 单击"整圆"图标 ⊕ →圆心_半径，拾取坐标系原点→输入"半径"6→右击。单击"扫描面"图标 →输入起始距离-20→右击→输入扫描距离40→输入扫描角度0→按空格键→选取扫描方向（Z 轴正方向）→（扫描面生成）→右击结束，结果如图 3.19 所示。

图 3.19　扫描圆柱曲面

(7) 单击"曲面裁剪"按钮，在"立即菜单"中依次选择面裁剪、裁剪方式，按提示拾取被裁剪曲面的保留部分，拾取剪刀面，则裁剪掉圆柱面的下部，结果如图 3.20 所示。

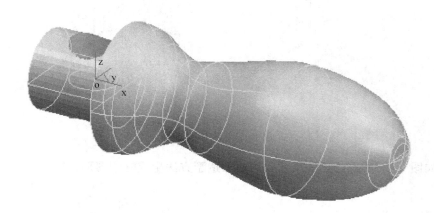

图 3.20　手柄曲面造型

四、知识拓展

放样面是指以一组互不相交、方向相同、形状相似的截面线为骨架进行形状控制，过这些曲线蒙面生成的曲面。可通过单击"放样面"图标激活该功能。

(1) 截面曲线是通过一组空间曲线作为截面来生成的封闭或者不封闭的曲面。

【操作】

① 单击"造型",指向下拉菜单"曲面生成",单击"放样面",或单击放样面图标。
② 选择截面曲线方式。
③ 选择"封闭"或"不封闭"曲面。
④ 按提示拾取空间曲线为截面曲线,按右键,完成操作。
(2) 以曲面的边界和截面曲线并与曲面相切来生成曲面。
【操作】
① 单击"造型",指向下拉菜单"曲面生成",单击"放样面",或单击放样面图标。
② 选择曲面边界方式。
③ 在第一条曲线边界上拾取其所在曲面。
④ 按提示拾取空间曲线为截面曲线,按右键。
⑤ 在第二条曲面边界线上拾取其所在曲面,按右键,完成操作,生成曲面边界方式的放样面。

思考与练习

1. 用圆心坐标(0,0,35)、半径25的曲面和圆心坐标(0,0,-20)、半径30的曲面及圆心坐标(0,0,15)、半径20的截面线和圆心坐标(0,0,-5)、半径26的截面曲线生成曲面边界放样面,如图3.21所示。

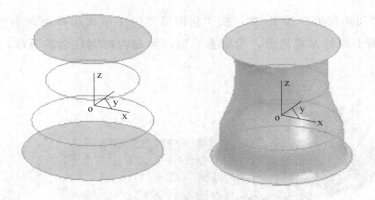

图 3.21 放样面曲面

2. 按如图3.22所示给定的尺寸,用曲面造型方法生成三维图形。

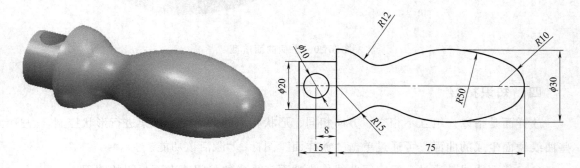

图 3.22 手柄曲面造型尺寸图

任务 5　线圈骨架曲面造型

一、任务导入

根据图 3.23 所示的外圆内方形体的二维图形建立其三维曲面造型。通过该图的练习，初步掌握直纹面、平移等命令的用法，掌握曲面造型操作技能。

二、任务分析

从图 3.23 可以看出，该模型为外圆内方形体造型，先画底部圆和正方形，经过向上平移复制后可得到各层高度的框架，然后用直纹面命令完成基本曲面造型。本任务所选练习图形比较简单，关键是要内外分层作图，以免各面相互混淆。

图 3.23　线圈骨架曲面造型尺寸图

三、造型步骤

(1) 按 F5 键→按 F8 键。

(2) 单击"整圆"图标 ⊕→圆心 _ 半径。

(3) 拾取坐标系原点→输入"半径"35→右击。

(4) 单击"矩形"图标 □→中心 _ 长 _ 宽→输入"长度"30→输入"宽度"30。

(5) 拾取坐标系原点→右击。

(6) 单击"平移"图标 □→偏移量→拷贝→输入"DX"0→输入"DY"0→输入

"DZ" 40。

(7) 拾取矩形→拾取圆→右击,结果如图 3.24 所示。

(8) 输入"DZ" 10→拾取 XOY 平面上的圆→右击。

(9) 单击"矩形"图标 □ →中心_长_宽→输入"长度" 40→输入"宽度" 40。

(10) 按回车键→输入"矩形中心坐标"(0, 0, 10)→按回车键,结果如图 3.24 所示。

(11) 单击"平移"图标 □ →偏移量→拷贝→输入"DX" 0→输入"DY" 0→输入"DZ" 20。

(12) 拾取"40×40"的矩形和同一高度的圆→右击,结果如图 3.24 所示。

(13) 单击"直纹面"图标 □ →曲线+曲线。

(14) 拾取最下面两个圆→拾取最上面两个圆→拾取上下两个"30×30"矩形→拾取上下两个"40×40"矩形→右击,结果如图 3.25 所示。

(15) 单击"平面"图标 □ →裁剪平面。

(16) 拾取圆→拾取任一箭头→拾取矩形任一条边→拾取任一箭头→右击,结果如图 3.25 所示(真实感显示)。

(17) 单击主菜单的编辑→图素不可见→拾取全部线架→右击结束,结果如图 3.25 所示。

图 3.24 绘制线架线   图 3.25 线圈骨架曲面造型

四、知识拓展

1. 实体表面

把通过特征生成的实体表面剥离出来而形成一个独立的面。

【操作】

① 单击"造型",指向下拉菜单"曲面生成",单击"实体表面"或单击按钮。

② 按提示拾取实体表面,完成操作。

2. 等距面

等距面是指给定距离与等距方向生成与已知曲面等距的曲面。

【操作】

① 单击"等距面"图标 □ ;

② 输入"等距距离"为 30;

③ 拾取曲面→拾取向上箭头→右击结束。

3. 平面

平面是指利用多种方式生成所需平面。平面与基准面的比较：基准面是在绘制草图时的参考面，而平面则是一个实际存在的面。

裁剪平面是指将封闭轮廓进行裁剪后形成的有一个或者多个边界的平面。工具平面是指用给定的长度和宽度生成平面。

【操作】

① 单击"平面"图标 ⟋ →【裁剪平面】；

② 拾取平面外轮廓→拾取任一箭头；

③ 拾取平面内轮廓→拾取任一箭头→右击结束。

思考与练习

按如图 3.26 所示给定的尺寸，用曲面造型方法生成三维图形。

图 3.26 曲面造型尺寸图

任务6 1/4半圆弯头三维曲面造型

一、任务导入

绘制如图3.27所示的1/4半圆弯头三维曲面模型,掌握综合使用"直纹面"、"四边面"及"曲面裁剪"功能创建较复杂曲面模型的技能。

二、任务分析

从图3.27可以看出,该半圆弯头三维曲面模型为方形圆曲面,可用"曲线组合"和"平移"来完成俯视图。上部为曲面,可用"四边面"来完成,上下曲线要进行组合才能用。本任务关键是要掌握曲面裁剪分隔后可实现部分加工的技能。

图3.27 半圆弯头曲面模型尺寸图

三、造型步骤

(1) 单击"矩形"图标 ▭ →中心_长_宽→输入"长度"120回车→输入"宽度"120,按回车键→输入"中心坐标"(0,0)→按回车键→右击结束。

(2) 单击"直线"图标 ╲ →两点线→连续→正交(非正交也可以)→点方式,捕捉各边中点连成直线,结果如图3.28所示。

(3) 单击"剪裁"图标 ✂ →单击剪裁多余线→回车结束。

(4) 单击"圆弧过渡"图标 ⌒ →圆弧过渡→输入"半径"30→输入"精度"0.01→裁剪曲线1→裁剪曲线2。

(5) 分别拾取两条裁剪曲线→右击结束,结果如图3.29所示。

(6) 单击"曲线组合"图标 →按空格键→弹出拾取快捷菜单,选择"单个拾取"→拾取要组合的曲线,结果如图 3.29 所示。

图 3.28 绘制矩形

图 3.29 曲线组合

(7) 单击"平移"图标 →偏移量→拷贝→输入"DX"0→输入"DY"0→输入"DZ"60。拾取正后边线→右击结束。单击"直线"图标 →两点线→连续→非正交→点方式。捕捉连接上下各对应点,结果如图 3.30 所示。

(8) 按 F9 键,选 XOZ 平面为作图平面→单击"圆弧"图标 →选取"圆心 _ 起点 _ 圆心角"→拾取圆心点 1(左角点)→拾取起点 2→拾取上直线端点 3→作圆弧,如图 3.30 所示。

(9) 按 F9 键,选 YOZ 平面为作图平面→拾取圆心点 1(右角点)→拾取起点 2→拾取直线左端点 3→作圆弧,如图 3.31 所示。

图 3.30 绘制左圆弧

图 3.31 绘制右圆弧

(10) 单击"边界线"图标 →选取"四边面"→拾取两个圆弧和两条组合曲线,作曲面,如图 3.32 所示。

(11) 单击"直纹面"图标 →点+曲线→拾取空间点→拾取圆弧轮廓→右击结束,完成侧面曲面,结果如图 3.33 所示。

(12) 同理用"直纹面"曲面造型方式完成其他侧面,结果如图 3.33 所示。

图 3.32 绘制四边面

图 3.33 绘制圆弧面

(13) 在上、下、中间作一条斜线→单击"曲面裁剪"图标→选取"投影线裁剪"→选取"分裂"→输入精度（0.01）→拾取被裁剪曲面→按空格键→输入投影方向（Z 轴正方向）→拾取剪刀线（斜线）→等待计算，曲面被分成两部分，如图 3.34 所示。

(14) 单击主菜单中的编辑菜单→选取图素不可见→拾取右边的曲面→右击，如图 3.35 所示。

图 3.34　投影线裁剪曲面

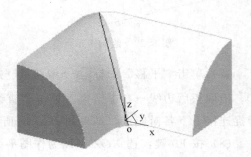

图 3.35　隐藏裁剪曲面

四、知识拓展

1. 边界面

边界面是指在由已知曲线围成的边界区域上生成的曲面。可通过单击"边界面"图标激活该功能。

已知曲线必须是首尾相连的封闭环。

三边面是指用 3 条空间曲线作边界生成的曲面。

四边面是指用 5 条空间曲线生成的曲面。

【操作】

① 单击"造型"，指向下拉菜单"曲面生成"，单击"边界面"，或单击边界面图标。

② 选择三边面或四边面。

③ 按提示拾取空间曲线，完成操作。

2. 投影线裁剪

投影线裁剪是将空间曲线沿给定的固定方向投影到曲面上，形成剪刀线来裁剪曲面。

【操作】

① 单击主菜单"造型"，指向"曲面编辑"，单击"曲面裁剪"，或者直接单击按钮，出现在立即菜单，选择"投影线裁剪"和"裁剪"方式。

② 拾取被裁剪的曲面，选取需保留的部分。

③ 输入投影方向。按空格键，弹出矢量工具菜单。

④ 拾取剪刀线。拾取曲线，曲线变红，裁剪完成。

思考与练习

1. 按如图 3.36 所示给定的尺寸，用曲面造型方法生成鼠标三维图形。样条曲线型值点坐标为：（−70，0，20）、（−40，0，25）、（−20，0，30）、（35，0，15）。

2. 按如图 3.37 所示给定的尺寸，创建其曲面造型。

图 3.36 鼠标曲面造型尺寸图

图 3.37 曲面造型尺寸图

任务 7 吊钩三维曲面造型

一、任务导入

根据如图 3.38 所示给定的尺寸，用曲面造型方法生成吊钩三维模型图。

二、任务分析

从图 3.38 可以看出，该模型为吊钩曲面模型，先画图 3.38 所示的吊钩平面图，然后画

图3.39所示吊钩各截面图，再通过旋转命令将各截面图旋转成与水平面成90°，通过双截面双导动得到整体曲面造型，最后用曲面缝合命令将各曲面连成一体。本任务所选练习图形比较难，要综合运用曲面造型与曲面编辑知识才能完成。

图3.38 吊钩曲面模型尺寸图　　　图3.39 绘制吊钩轮廓线和截面线

三、造型步骤

（1）在 XOY 平面上绘制吊钩轮廓线和截面线，如图3.38、图3.39所示，作图过程省略。

（2）按F8键进入轴测图状态，需要对如图3.39所示的7处截面线进行绕轴线旋转，使它们都能垂直于XY平面。需要注意的是，中段截面线5-6和截面线7-8在旋转前需要先用曲线组合命令将3段曲线组合成一条曲线。单击"旋转"按钮，钩头的圆弧1-2用拷贝方式旋转90°，另5段采用移动方式旋转90°，系统会提示拾取旋转轴的两个端点。提示旋转轴的指向（始点向终点）和旋转方向符合右手法则，6段曲线旋转后的结果如图3.40所示。

（3）单击"平面旋转"按钮，选择复制方式，以原点为旋转中心，旋转90°，拾取5-6曲线，在右侧方向生成另一中段截面线7-8，如图3.41所示。

（4）对底面轮廓线进行曲线组合和生成断点。将如图3.41所示的1、3点之间的曲线组合成一条曲线，将2、4点间的曲线组合成一条曲线。然后单击"曲线打断"按钮，分别拾取要打断的曲线5-9和曲线6-10，拾取点5、7和6、8断点。

（5）应用导动面命令，分别以截面线1-2和3-4、3-4和5-6、5-6和7-8、7-8和9-10、9-10和11-12、11-12和13-14为双截面线，以轮廓线1-3和2-4、3-5和4-6、5-7和6-8、7-9和8-10、9-11和10-12、11-13和12-14为双导动线，采用变高选项，生成两个双导动曲面。

图 3.40 绘制截面线　　　　　图 3.41 整理组合曲线

应用导动面命令，以轮廓线 6-8、5-7 为双导动线，以截面线 5-6、7-8 为双截面线，采用等高选项，生成等高双导动曲面。用旋转面 ![icon] 命令，过 1、2 点绘制一条直线作为旋转轴，旋转 90°，即可生成吊钩头部的球面。

（6）曲面缝合。从图 3.40 中可以看出，吊钩模型是由 7 张曲面组成的，其中 1 张曲面是旋转球面，6 张为导动曲面，为了提高型面加工的表面质量，建议最好对 6 张曲面进行缝合操作，生成一整张曲面，这将便于后面的加工编程运算和处理。

单击"曲面缝合" ![icon] 按钮，选择平均切矢方式，分别拾取相邻的两个曲面，最后可以生成一整张曲面，如图 3.42 所示。

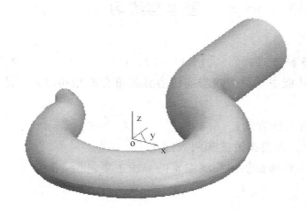

图 3.42 吊钩曲面模型

（7）单击几何变换的"镜像" ![icon] 按钮（当前工作平面必须位于 XOY 平面），拾取位于 XOY 平面的 3 个点（建议预先在 OX、OY 轴绘制两条直线），拾取 7 张曲面，结果如图 3.42 所示。

四、知识拓展

曲面拼接面是曲面光滑连接的一种方式，它可以通过多个曲面的对应边界，生成一张曲面，与这些曲面光滑相接。

曲面拼接共有三种方式：两面拼接、三面拼接和四面拼接。

在许多物体的造型中，通过曲面生成、曲面过渡、曲面裁剪等工具生成物体的型面后，总会在一些区域留下一片空缺，我们称之为"洞"。曲面拼接就可以对这种情形进行"补洞"处理。

当遇到要把两个曲面从对应的边界处光滑连接时，用曲面过渡的方法无法实现，因为过渡面不一定通过两个原曲面的边界。这时就需要用到曲面拼接的功能，过曲面边界光滑连接曲面。

【操作】

① 单击主菜单"造型"，指向"曲面编辑"，单击"曲面拼接"，或者直接单击按钮。出现曲面拼接立即菜单。

② 选择两面拼接方式。

③ 根据状态栏提示完成操作。

做一曲面，使其连接三个给定曲面的指定对应边界，并在连接处保证光滑。

三个曲面在角点处两两相接，成为一个封闭区域，中间留下一个"洞"，三面拼接就能光滑拼接三张曲面及其边界而进行"补洞"处理。

【操作】

① 单击主菜单"造型"，指向"曲面编辑"，单击"曲面拼接"，或者直接单击按钮。出现曲面拼接立即菜单。

② 选择三面拼接方式。

③ 根据状态栏提示完成操作。

思考与练习

1. 填空

(1) 曲面剪裁有 5 种方式：（　　）、（　　）、（　　）、（　　）和（　　）。

(2) 在曲面剪裁功能中，剪刀线与曲面边界线重合或相切时，可能得到（　　）的剪裁结果。

(3) 曲面过渡共有七种方式：（　　）、（　　）、（　　）、（　　）、（　　）、系列面过渡和两线过渡。

(4) CAXA 制造工程师提供的曲线编辑的方法主要包括 5 种：（　　）、（　　）、（　　）、（　　）和（　　）。

2. 判断题

（　）(1) 使用曲线裁剪功能，拾取被裁剪的曲面是不需要保留的部分。

（　）(2) 使用四面拼接时，要拼接的四个曲面必须在角点两两相交，要拼接的四个边界应该首尾相连，形成一连串的封闭曲线，围成一个封闭区域。

（　）(3) 平行导动是截面线沿导动线趋势始终平行它自身的移动而生成的曲面，截面线在运动过程中没有任何旋转。

（　）(4) 双导动线导动不支持等高导动和变高导动。

（　）(5) 如果旋转生成的是球面，而其上部分还是要被加工制造的，要做成四分之一的圆旋转 360°，否则法线方向不对，以后无法加工。

3. 作图题

根据图 3.43 二视图，绘制如图 3.44 所示可乐瓶底的曲面造型图。

项目3 曲面造型

图 3.43 可乐瓶底曲面造型尺寸图

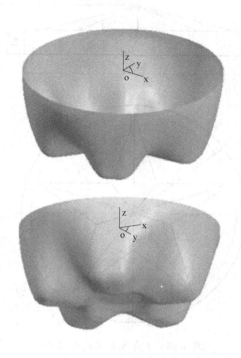

图 3.44 可乐瓶底曲面造型图

任务 8　五角星曲面造型

一、任务导入

根据如图 3.45 所示的尺寸绘制五角星的曲面模型。五角星曲面线架显示如图 3.46 所示。

二、任务分析

由图 3.46 可知五角星的形状主要是由多个空间面组成的,因此在构造实体时首先应使用空间曲线构造实体的空间线架,然后利用直纹面生成曲面,可以逐个生成也可以将生成的一个角的曲面进行圆形均布阵列,最终生成所有的曲面。

三、造型步骤

(1) 单击曲线生成工具栏上的 ⊕ 按钮,进入空间曲线绘制状态,在特征树下方的"立即菜单"中选择作圆方式"圆心点_半径",然后按照提示用鼠标点取坐标系原点,也可以按回车键,在弹出的对话框内输入圆心点的坐标 (0,0,0),半径 $R=60$ 并确认,按回车键,在弹出的对话框内输入半径为 50 并确认,然后右击结束该圆的绘制,结果如图 3.47 (a) 所示。

(2) 单击曲线生成工具栏上的 ⊙ 按钮,在特征树下方的"立即菜单"中选择"中心"定

图 3.45 五角星曲面造型尺寸图　　　　图 3.46 五角星曲面线架显示

位、边数 5 条，回车确认、内接。按照系统提示拾取中心点，内接半径为 50。然后单击鼠标右键结束该五边形的绘制，如图 3.47（b）所示。

图 3.47　绘制五角边形曲线

（3）单击曲线生成工具栏上的直线／按钮，在特征树下方的"立即菜单"中选择"两点线"、"连续"、"非正交"，将五边形的各个角点连接，如图 3.48（a）所示。使用"删除"工具将多余的线段删除，单击⌀按钮，用鼠标直接点取多余的线段，拾取的线段会变成红色，右击确认。

（4）单击线面编辑工具栏中的"曲线裁剪"按钮，在特征树下方的"立即菜单"中选择"快速裁剪"、"正常裁剪"方式，用鼠标点取剩余的线段就可以实现曲线裁剪，如图 3.48（b）所示。

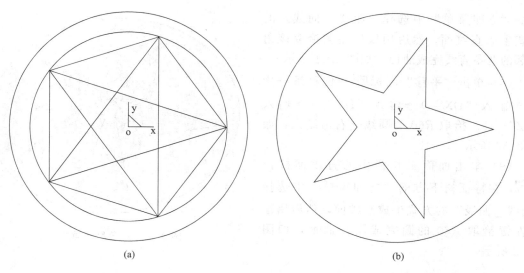

图 3.48 绘制五角星轮廓

（5）用鼠标单击曲面工具栏中的"平面" ![icon] 工具按钮，并在特征树下方的"立即菜单"中选择"裁剪平面"。用鼠标拾取平面的外轮廓线，然后确定链搜索方向（用鼠标点取箭头），系统会提示拾取第一个内轮廓线，用鼠标拾取五角星底边的一条线，单击鼠标右键确定，完成加工轮廓平面，如图 3.49 所示。

（6）在五角星的高度方向上找到一点（0，0，15），以便通过两点连线实现五角星的空间线架构造。使用曲线生成工具栏上的"直线"按钮 ![icon]，在特征树下方的"立即菜单"中选择"两点线"、"连续"、"非正交"，用鼠标点取五角星的一个角点，然后按回车键，输入顶点坐标（0，0，15），同理，作五角星各个角点与顶点的连线，完成五角星的空间线架，如图 3.50 所示。

 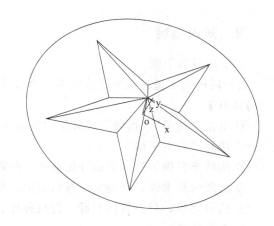

图 3.49 五角星轮廓平面　　　　　　　　图 3.50 绘制五角星线架造型

（7）通过直纹面生成曲面，生成其他各角的曲面。在生成其他曲面时，可以利用直纹面逐个生成曲面，也可以使用阵列功能对已有一个角的曲面进行圆形阵列来实现五角星的曲面构成。选择五角星的一个角为例，用鼠标单击曲面工具栏中的直纹面按钮 ![icon]，在特征树下方的"立即菜单"中选择"曲线 _ 曲线"的方式生成直纹面,然后用鼠标左键拾取该角相邻的两条直线完成曲面,如图3.51所示。

(8) 单击"平移"图标 → 偏移量 → 拷贝 → 输入"DX" 0 → 输入"DY" 0 → 输入"DZ"-15。拾取R60的圆线 → 右击结束,如图3.52所示。

(9) 单击曲面工具栏中的直纹面按钮,在特征树下方的"立即菜单"中选择"曲线 _ 曲线"的方式生成直纹面,然后用鼠标左键拾取R60的圆完成圆柱曲面,如图3.53所示。

图3.51 五角星曲面造型

图3.52 圆柱曲面造型

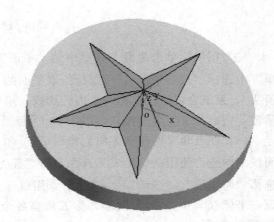

图3.53 五角星曲面造型结果

四、知识拓展

1. 平面裁剪平面

由封闭内轮廓进行裁剪形成的有一个或多个边界的平面。

【操作】

① 单击"造型",指向下拉菜单"曲面生成",单击"平面",或单击平面图标。

② 选择"裁剪平面"方式。

③ 按状态栏提示拾取平面外轮廓线,并确定链搜索方向。

④ 拾取内轮廓线,并确定链搜索方向,每拾取一个内轮廓线确定一次链搜索方向。

⑤ 拾取完毕,单击鼠标右键,完成操作。如有需要可删除已裁剪的内轮廓面。

2. 工具平面

生成与"平面XOY"、"平面YOZ"、"平面ZOX"平行或成一定角度的平面。共有七种方式:XOY平面、YOZ平面、ZOX平面、三点平面、矢量平面、曲线平面、平行平面。

【操作】

① 单击"造型",指向下拉菜单"曲面生成",单击"平面",或单击平面图标。

② 选择"工具平面"方式,出现工具平面立即菜单。
③ 根据需要选择工具平面的不同方式。
④ 选择旋转轴,输入角度、长度和宽度。
⑤ 按状态栏提示完成操作。

思考与练习

1. 完成如图 3.54 所示五角星曲面造型。

图 3.54　五角星曲面造型

2. 完成如图 3.55 所示形体的曲面造型。

图 3.55　曲面造型尺寸图

任务 9　面粉收集筒三维曲面造型

一、任务导入

通过创建如图 3.56 所示面粉收集筒三维曲面模型，掌握综合使用"直纹面"、"导动面"、"旋转面"、"镜像面"及"曲面裁剪"功能创建较复杂曲面模型的技能。

图 3.56　面粉收集筒曲面模型尺寸图

二、任务分析

从图 3.56 可以看出，该集粉筒三维曲面模型下部为天圆地方，可用"平移"和"直纹面"来完成。中部为圆锥、圆柱，可用"旋转面"或"直纹面"来完成。上部偏管可用"旋转面"、"曲面裁剪"、"镜像"来完成造型。本任务所选集粉筒三维曲面模型比较难，关键是要由下往上分层作图，曲面裁剪时面裁剪容易作错。

三、造型步骤

（1）单击"整圆"按钮 ⊕，在"立即菜单"中选择圆心_半径方式，然后捕捉直线两端点为圆心，输入半径值"60"，单击右键结束。

（2）单击"平移"图标 ⊡ →偏移量→拷贝→输入"DX" 0→输入"DY" 0→输入"DZ" 60。拾取 R60 的圆线→右击结束。单击曲面工具栏中的直纹面按钮 ▨ ，在特征树下方的"立即菜单"中选择"曲线_曲线"的方式生成直纹面，然后用鼠标左键拾取 R60 的圆完成圆柱曲面，如图 3.57 所示。

（3）按 F8 键显示轴测图，并确认当前坐标平面为平面 XOY，按 F9 键切换当前坐标平面为平面 YZ。单击"直线"按钮 ✎ ，在"立即菜单"中依次选择两点线、单个、正交及长度方式，输入长度值"30"。然后捕捉圆点为第一点作竖直直线。按 F9 键切换当前坐标平面为平面 XZ。单击直线按钮 ✎ ，在"立即菜单"中依次选择两点线、单个、正交及长度方式，输入长度值"80"。然后捕捉竖直直线的中点，即可绘制图中的 80mm 长的直线，如图 3.58 所示。

图 3.57 绘制圆柱体曲面

图 3.58 绘制偏管导动线

（4）单击"平移"图标 ⊡ →偏移量→拷贝→输入"DX" 0→输入"DY" -35→输入"DZ" 0。拾取 80mm 直线→右击结束，生成导动线。按 F9 键切换当前坐标平面为平面 YZ。单击"整圆"按钮 ⊕ ，在"立即菜单"中选择圆心_半径方式，然后捕捉导动线端点为圆心，输入半径值"15"，单击右键结束，结果如图 3.58 所示。

（5）单击"导动面"图标 ▧ →平行导动。拾取导动线→拾取截面圆→右击结束，结果如图 3.59 所示。

图 3.59 绘制圆柱体曲面

图 3.60 圆环形平面

(6) 单击"整圆"按钮 ⊕ ,在"立即菜单"中选择圆心_半径方式,然后捕捉圆心,作半径值为15的圆。单击"直纹面"按钮,在"立即菜单"中选择曲线+曲线方式。然后按提示依次拾取圆曲线,则圆环形平面生成,如图3.60所示。

(7) 单击"直线"按钮,在"立即菜单"中依次选择两点线、单个、正交及长度方式,输入长度值"120",然后捕捉30mm竖直直线的上端点,即可绘制图中所示的直线,如图3.61所示。按F9键切换当前坐标平面为平面XZ。单击"直线"按钮,在"立即菜单"中依次选择两点线、单个、正交及长度方式,输入长度值"70",然后捕捉120mm直线的中点为第一点,即可绘制一条竖直直线。同样,捕捉相应点为第一点,完成另一条竖直直线的绘制,作为旋转母线,如图3.61所示。

(8) 单击"旋转面"按钮,在"立即菜单"中分别输入起始角、终止角。然后按提示依次拾取旋转轴、单击箭头方向确认旋转方向,拾取母线,则(圆柱)旋转面生成,如图3.61所示。

(9) 按F9键切换当前坐标平面为平面XZ。

单击"直线"按钮,在"立即菜单"中选择角等分线、份数设置为6、输入长度值"70",然后捕捉两条直线,即可绘制如图3.62所示的角等分线,得到解15°斜线。

图3.61 绘制圆柱体曲面

图3.62 绘制剪裁曲面

(10) 单击"扫描面"按钮,在"立即菜单"中输入扫描距离值80,拾取图示的直线作扫描线,方向向右,按提示拾取截面曲线后,则扫描面生成,如图3.62所示。

(11) 单击"曲面裁剪"按钮,在"立即菜单"中依次选择面裁剪、裁剪方式,按提示拾取被裁剪曲面的保留部分,拾取平面和圆柱面,再拾取向右上方向为链搜索方向,则裁剪掉圆柱面的上部,如图3.63所示。

(12) 按F9键切换当前坐标平面为平面XZ。

单击"圆弧"按钮 ⊕ ,在"立即菜单"中选择圆心_半径_起终角方式,输入起始角值0,终止角值"90"。然后按提示依次捕捉直线端点为圆心、直线中点为半径,完成一个

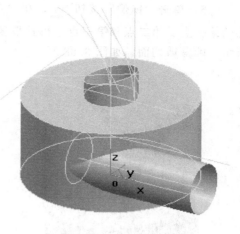

图 3.63 裁剪圆柱面　　　　　　　　　图 3.64 绘制曲线

圆弧的绘制。同样，完成另一个圆弧的绘制，如图 3.64 所示。

单击"直线"按钮，在"立即菜单"中依次选择切线/法线、切线，输入长度值"50"，然后捕捉圆弧曲线，分别拾取 30°斜线与圆弧交点（即两切点），即可绘制如图 3.64 所示的切线。

（13）单击"旋转面"按钮，在"立即菜单"中分别输入起始角、终止角。然后按提示依次拾取旋转轴，单击箭头方向确认旋转方向，拾取母线，则（圆柱）旋转面生成，如图 3.65 所示。单击"扫描面"按钮，在"立即菜单"中输入扫描距离值 80，拾取图示的直线作扫描线，方向向右，按提示拾取截面曲线后，则扫描面生成，如图 3.65 所示。

（14）单击"曲面裁剪"按钮，在"立即菜单"中依次选择线裁剪、裁剪方式，按提示拾取被裁剪曲面的保留部分（圆柱面下部），拾取平面和圆柱的交线为剪刀线，再拾取向右上方向为链搜索方向，则裁剪掉圆柱面的上部，如图 3.66 所示。

图 3.65 绘制剪裁面　　　　　　　　　图 3.66 裁剪圆柱面

（15）单击"镜像"按钮 ![icon]，在"立即菜单"中选择拷贝，然后按提示拾取镜像平面上的第一点、第二点和第三点，再拾取要镜像的曲面，单击鼠标右键结束操作，如图 3.67 所示。隐藏剪切面，如图 3.68 所示。

图 3.67 镜像圆柱面

图 3.68 隐藏剪切面

（16）隐藏或删除作图过程中的曲线与平面，得到真实的曲面造型，如图 3.69 所示。放大显示顶部效果，检查作图结果。

四、知识拓展

1. 曲面裁剪

线裁剪：曲面上的曲线沿曲面法矢方向投影到曲面上，形成剪刀线来裁剪曲面。

【操作】

① 单击主菜单"造型"，指向"曲面编辑"，单击"曲面裁剪"，或者直接单击按钮，出现在立即菜单，选择"线裁剪"和"裁剪"方式。

② 拾取被裁剪的曲面（选取需保留的部分）。

③ 拾取剪刀线。拾取曲线，曲线变红，裁剪完成。

图 3.69 面粉收集筒曲面模型

2. 曲面延伸

把原曲面按所给长度沿相切的方向延伸出去，扩大曲面。延伸曲面有两种方式：长度延伸和比例延伸。

【操作】

① 单击"造型"，指向"曲面编辑"，单击"曲面延伸"或单击按钮，出现立即菜单。

② 在立即菜单中选择"长度延伸"或"比例延伸"方式，输入长度或比例值。

③ 状态栏中提示"拾取曲面",单击曲面,延伸完成。

思考与练习

创建如图 3.70 所示的天圆地方的三维曲面造型。

图 3.70 天圆地方曲面造型尺寸图

项 目 小 结

本项目通过创建半圆弯头、吊钩、集粉筒等曲面模型的任务,主要学习曲面造型和编辑的方法,重点掌握直纹面、旋转面、扫描面、边界面、放样面、网格面、导动面、等距面、平面和实体表面、曲面裁剪、缝合及镜像等曲面生成编辑的方法,树立作图的空间思维概念。在创建"直纹面"时,要注意在同侧拾取截面线,否则就会形成交叉曲面。

项 目 实 训

1. 创建如图 3.71 所示的五角星曲面造型,其中大五角星高度为 15mm。
2. 创建如图 3.72 所示的面粉收集筒三维曲面造型。
3. 创建如图 3.73 所示的油盖三维曲面造型,图 3.74 为油盖三维曲面模型图。

图 3.71 五角星曲面造型

图 3.72 面粉收集筒三维曲面造型

项目3 曲面造型

图 3.73 油盖曲面造型尺寸图

图 3.74 油盖曲面模型图

项目 4

实体造型

实体造型是 CAD/CAM 软件的发展趋势，CAXA 制造工程师软件具有丰富的"实体造型"功能，经过几次升级后，功能日臻完善、易用性更强，读者通过不断的上机实践，一定能在较短的时间内掌握 CAD/CAM 技术应用的精华。本项目主要学习 CAXA 制造工程师中拉伸增料、拉伸除料、旋转增料、旋转除料、放样增料、放样除料、导动增料、导动除料、打孔、倒角等实体造型和编辑功能。通过典型工作任务的学习，使读者快速掌握并熟练运用实体造型操作方法。

【技能目标】
- 掌握基准平面的构建方法。
- 掌握拉伸增料、拉伸除料、旋转增料、旋转除料、放样增料、放样除料、导动增料、导动除料等实体造型方法。
- 掌握孔、槽、型腔等特征造型方法。
- 灵活运用实体造型和编辑方法构建各种复杂立体。

任务 1　拉伸特征实体造型

一、任务导入

如图 4.1 所示是 X 形状的图形，求作其实体造型。

二、任务分析

如图 4.1 所示是 X 形状的图形，正面形状较复杂，可选择"平面 XZ"作为基准面，然后双向拉伸，作图较简单。

三、造型步骤

(1) 在特征树上拾取"平面 XZ"作为基准面。
(2) 按 F2 键→按 F5 键→绘制如图 4.2 所示的草图→按 F2 键，特征树上生成"草图 0"。
(3) 按 F8 键→单击"拉伸增料"图标 →双向拉伸→输入"深度"45。
(4) 在特征树上拾取"草图 0"→单击确定按钮，生成实体→按 F8 键→结果如图 4.3 所示。

图 4.1 X 形体实体造型尺寸图

图 4.2 绘制截面草图

图 4.3 拉伸增料实体

（5）在特征树上拾取"平面 XY"作为基准面。

（6）按 F2 键→按 F5 键→绘制如图 4.4 所示 R10 圆草图→按 F2 键，特征树上生成"草图 1"。

（7）按 F8 键→单击"拉伸除料"图标 ▭ →贯穿→在特征树上拾取"草图 1"→单击确定按钮，结果如图 4.5 所示。

图 4.4 绘制 $R10$ 圆草图

图 4.5 拉伸除料实体

四、知识拓展

草图是特征实体生成所依赖的曲线组合。草图是为特征造型准备的一个平面封闭图形。草图绘制是特征实体造型的关键步骤。

1. 确定基准平面

草图必须依赖于一个基准面,开始绘制一个新草图前必须选择一个基准面。基准面可以是特征树中已有的坐标平面(如 XOY,XOZ,YOZ 坐标平面),也可以是实体表面的某个平面,还可以是构造出的平面。

2. 选择基准平面

实现选择很简单,只要用鼠标点取特征树中平面(包括三个坐标平面和构造的平面)的任何一个,或直接用鼠标点取已生成实体的某个平面就可以了。

3. 构造基准平面

基准平面是草图和实体赖以生存的平面。在 CAXA 制造工程师中一共提供了"等距平面确定基准平面"、"过直线与平面成夹角确定基准平面"、"生成曲面上某点的切平面"、"过点且垂直于曲线确定基准平面"、"过点且平行平面确定基准平面"、"过点和直线确定基准平面"和"三点确定基准平面"七种构造基准平面的方式,非常的方便、灵活,从而大大提高了实体造型的速度。

【操作】

① 单击"造型",指向"特征生成",选择"基准面"命令或单击按钮,出现"构造基准面"对话框,如图 4.6 所示。

② 在对话框中点取所需的构造方式,依照"构造方法"下的提示做相应操作,这个基准面就作好了。在特征树中,可见新增了刚刚作好的这个基准平面,如图 4.6 所示。

图 4.6　构造基准面对话框

构造平面的方法包括以下几种:等距平面确定基准平面,过直线与平面成夹角确定基准平面,生成曲面上某点的切平面,过点且垂直于直线确定基准平面,过点且平行平面确定基准平面,过点和直线确定基准平面,三点确定基准平面。

4. 进入草图状态

选择一个基准平面后,按下绘制草图按钮,在特征树中添加了一个草图树枝,表示已经处于草图状态,开始了一个新草图。

5. 草图绘制

进入草图状态后,利用曲线生成命令绘制需要的草图即可。草图的绘制可以通过两种方法进行:第一,先绘制出图形的大致形状,然后通过草图参数化功能对图形进行修改,最终得到所期望的图形。第二,直接按照尺寸精确作图。

6. 编辑草图

在草图状态下绘制的草图一般要进行编辑和修改。在草图状态下进行的编辑操作只与该草图相关,不能编辑其他草图曲线或空间曲线。

7. 草图参数化修改

在草图环境下,可以任意绘制曲线,可以不考虑坐标和尺寸的约束。之后,对绘制的草图标注尺寸,接下来只需改变尺寸的数值,二维草图就会随着给定的尺寸值而变化,达到最终希望的精确形状,这就是草图参数化功能,也就是尺寸驱动功能。制造工程师还可以直接读取非参数化的 EXB、DW、DWG 等格式的图形文件,在草图中对其进行参数化重建。草图参数化修改适用于图形的几何关系保持不变,只对某一尺寸进行修改。

尺寸驱动模块中共有三个功能：尺寸标注、尺寸编辑和尺寸驱动。

8. 草图环检查

用来检查草图环是否封闭。当草图环封闭时，系统提示"草图不存在开口环"。当草图环不封闭时，系统提示"草图在标记处为开口状态"，并在草图中用红色的点标记出来。

【操作】单击"造型"，单击"草图环检查"，或者直接单击按钮，系统弹出草图是否封闭的提示。

思考与练习

1. 如图 4.7 所示是半径为 20 与 10 的圆的图形，作深度等于 30 的拉伸增料操作。用"拉伸除料"方法生成的圆柱中间打个深度为 5、半径为 15 的沉孔。

图 4.7　圆柱体实体造型

2. 根据图 4.8 所示的尺寸建立其三维实体造型。

图 4.8　实体造型尺寸图

任务 2　酒壶实体造型

一、任务导入

用"旋转增料"方法生成如图 4.9 所示的酒壶实体。

图 4.9 酒壶实体造型尺寸图

二、任务分析

如图 4.9 所示的酒壶实体，周围是光滑曲面，中间有回转轴线，所以用旋转增料方式造型较好。

三、造型步骤

(1) 在特征树上拾取"平面 XZ"。

(2) 按 F2 键→按 F5 键→绘制如图 4.10 所示的草图→按 F2 键，特征树上生成"草图 0"。

图 4.10 绘制草图

(3) 绘如图 4.10 所示的与 Z 轴重合的回转轴线。

(4) 按 F8 键→单击"旋转增料"图标 →单向旋转→输入"旋转角度"360。

(5) 在特征树上拾取"草图 0"→拾取回转轴线→单击确定按钮，结果如图 4.11 所示。

(6) 单击过渡 按钮，在半径对话框中填入 1，然后用鼠标拾取实体的各条线，然后单击确定，完成零件的过渡处理，结果如图 4.12 所示。

图 4.11　旋转增料实体　　　　　　　　　图 4.12　过渡实体

提示：轴线不能和草图有相交。旋转轴线，必须是已知在非草图绘制模式下绘制的直线，不能是在"草图绘制"状态下绘制的直线。如果想利用草图边界或实体棱边做旋转轴，必须将该棱边用"直线"功能的线架线方式（非"草图绘制"模式下）重新生成。旋转方向遵守右手法则。"反向旋转"选中或不选中，可以控制特征的旋转方向。

四、知识拓展

旋转增料和旋转除料：通过围绕一条空间直线旋转一个或多个封闭轮廓，增加或移出一个特征生成新实体。

【操作】
① 输入命令，弹出旋转特征对话框。
② 选取旋转类型，填入角度，拾取草图和轴线，单击确定，完成操作。

思考与练习

1. 分别用拉伸、旋转、放样和导动的实体造型方法，生成重心在坐标原点、内半径20、外半径30、高度40的圆柱套筒，如图4.13所示。
2. 用"旋转增料"、"旋转除料"方法生成如图4.14所示的实体。

图 4.13　圆柱套筒模型

图 4.14 花瓶实体造型

任务 3　手柄实体造型

一、任务导入

创建图 4.15 所示的手柄实体模型。

图 4.15 手柄实体造型

二、任务分析

从图 4.15 可以看出，该模型为椭圆外形且各截面大小不同，先建立各截面的基准平面，然后在各基准平面上绘草图,最后通过"放样增料"、"放样除料"完成实体造型。本任务所选练习图形比较简单,关键是要内外分层作图,基准平面建的多容易混淆。

三、造型步骤

(1) 单击"基准面"图标◇→在构造基准面对话框中选取等距平面确定基准面→输入"距离"30。

(2) 在特征树上拾取"平面XZ"→单击确定按钮,结果如图4.16所示。

图4.16 构造基准面

(3) 重复上述操作,构造其余几个相似的基准平面,各个平面之间的距离参数如表4-1所示。

(4) 在特征树上拾取"平面XZ"。

(5) 按F2键→按F5键→绘制长半轴值12、短半轴值8、中心为坐标原点的椭圆草图→右键结束→按F2键,特征树上生成"草图0"。

(6) 右击特征树中的"平面3"→选择创建草图选项。

(7) 按F5键→绘制长半轴值16、短半轴值8、中心为坐标原点的椭圆草图→按右键结束→按F2键,特征树上生成"草图1"。

(8) 重复上两步操作,绘制划线锤手柄其他断面草图轮廓。各个断面草图参数如表4-1所示。

表4-1 断面草图参数表

草图特征	平面XZ	平面3	平面4	平面5	平面6	平面7	平面8
平面距离	0	30	70	110	145	177	230
长半轴	12	16	11	13	16	16	12
短半轴	8	8	8	8	8	8	8

注:表中"平面间距离"均以平面XZ为基准。

(9) 按F8键→单击"放样增料"图标 →依次拾取手柄的各截断面草图→单击确定按钮,结果如图4.17所示。

图 4.17　绘制截断面草图

（10）在特征树上拾取"平面 XZ"。

（11）按 F2 键→按 F5 键→绘制长半轴值 6、短半轴值 4、中心为坐标原点的椭圆草图→按右键结束→按 F2 键，特征树上生成"草图 7"。

（12）右击特征树中的"平面 3"→选择创建草图选项。

（13）按 F5 键→绘长半轴值 8、短半轴值 4、中心为坐标原点的椭圆草图→按右键结束→按 F2 键，特征树上生成"草图 8"。

（14）重复上两步操作，在其他平面上绘制划线锤手柄内孔的其他断面草图轮廓。各个截断面椭圆草图参数为各个断面草图参数，如表 4-2 所示。

（15）按 F8 键→单击"放样除料"图标 →依次拾取手柄内孔的各截断面草图，如图 4.18 所示→单击确定按钮，结果如图 4.19 所示。

表 4-2　断面草图参数表

草图特征	平面 XZ	平面 3	平面 4	平面 5	平面 6	平面 7	平面 8
平面距离	0	30	70	110	145	177	230
长半轴	6	8	5.5	6.5	8	8	6
短半轴	4	4	4	4	4	4	4

图 4.18　手柄内孔截断面草图

图 4.19　手柄零件实体造型　　　　图 4.20　手柄零件剖分图

图 4.20 所示为剖开后的内部结构图。

四、知识拓展

1. 放样增料

放样增料是指用多个草图生成一个实体或去掉已有实体某些部分的操作。截面线应为草图轮廓。

【操作】

（1）单击"放样增料"图标 ；

（2）依次拾取手柄的各截断面草图；

（3）单击确定按钮，完成操作。

注意：

（1）轮廓按照操作中的拾取顺序排列。

（2）拾取轮廓时，要注意状态栏指示，拾取不同的边、不同的位置，会产生不同的结果。

2. 放样除料

放样除料是指用多个草图生成一个实体或去掉已有实体某些部分的操作。截面线应为草图轮廓。

【操作】

（1）单击"放样除料"图标；

（2）依次拾取手柄内孔的各截断面草图；

（3）单击确定按钮，完成操作。

思考与练习

1. 填空

（1）草图是为特征造型准备的，与实体模型相关联的（　　　　　），是特征生成赖以存在的（　　　）。

(2) 草图必须依赖于一个（　　　），可以是特征树中已有的（　　　），也可以是实体表面的（　　　），还可以是（　　　）。

(3) 在筋板特征操作中，草图形状可以是不封闭的，草图线具有（　　　）功能。

(4) 基准平面是（　）和（　）赖以生存的平面，CAXA制造工程师提供了（　）种构造基准面的方法。

(5) 拉伸增料或除料是指对草图按给定的（　）、沿某个给定的（　）方向，（　）实体或（　）已有实体某些部分的操作。

2. 选择题

(1) 只有在（　　　）状态下才能进行尺寸标注。
A. 线架造型　　　B. 曲面造型　　　C. 草图　　　D. 特征造型

(2) 放样特征造型是根据（　　　）草图轮廓生成或去除一个实体。
A. 1个　　　B. 多个

(3) 放样特征造型中，在拾取草图轮廓时，拾取不同的边、不同的位置，草图的对位结果（　　　）。
A. 会产生不同　　　B. 一样

(4) 在（　　　）状态下，才有曲线投影功能。
A. 草图　　　B. 非草图　　　C. 与草图无关

(5) 只有在（　　　）状态下才能进行尺寸标注。
A. 线架造型　　　B. 曲面造型　　　C. 草图　　　D. 特征造型

3. 作图题

(1) 根据三视图（图4.21）绘制其实体模型。

(2) 按照如图4.22所示给定的尺寸进行实体造型。

图 4.21　实体造型尺寸图

图 4.22　烟灰缸实体造型尺寸图

任务 4 螺杆实体造型

一、任务导入

创建图 4.23 所示的螺杆实体模型。

图 4.23 螺杆实体尺寸图

二、任务分析

从图 4.23 可以看出，该模型为螺杆，有回转轴，先用"旋转增料"方式创建螺杆实体，然后用公式曲线建立螺纹导动线，建立基准平面，然后在基准平面上绘草图，最后通过"导动除料"完成实体造型。本任务要正确理解和设置公式曲线中的有关参数。

三、造型步骤

（1）在特征树上拾取"平面 XY"，按 F2 键，绘制如图 4.24 所示的草图。

图 4.24 绘制草图

（2）沿 X 轴作回转中心线，单击"旋转增料"图标 ，选择草图和回转中心线，如图 4.25 所示。"旋转增料"结果如图 4.26 所示。

（3）单击"倒角"图标 ，拾取要倒斜角的线，如图 4.27 所示。最后结果如图 4.28 所示。

（4）在特征树上拾取"平面 XZ"，按 F2 键，再按 F5 键，绘制如图 4.29 所示的草图。单击"拉伸除料"图标 →贯通，结果如图 4.30 所示。

图 4.25 旋转增料操作

图 4.26 旋转增料实体

图 4.27 倒角过渡操作

图 4.28 倒角过渡实体

图 4.29 绘制草图　　　　　　　　　图 4.30 拉伸除料实体

(5) 单击"公式曲线"图标 f(x)→在弹出的公式曲线对话框中选择直角坐标系→输入"参变量名" t→弧度→输入"起终值" 0→输入"终止值" 170.72→输入"X (t)"公式 10 * cos (t)→输入"Y (t)"公式 10 * sin (t)→输入"Z (t)"公式 4 * t/6.28，如图 4.31 所示。

(6) 拾取坐标原点，生成如图 4.32 所示的三维螺旋曲线。单击"曲线打断"图标，打断删除多余的三维螺旋曲线，如图 4.33 所示。

(7) 单击"构建基准面"图标→过点且垂直于曲线→拾取曲线，拾取曲线上的点，如图 4.34 所示，单击确定按钮，构建基准面 1。

(8) 单击构建的基准面 1，按 F2 键，再按 F5 键，绘制如图 4.35 所示的螺纹牙型草图。按 F2 键→单击"导动除料"图标→固接导动，在特征树上拾取"草图 2"→拾取螺旋曲线→单击确定按钮，结果如图 4.36 所示。按 F8 键，消隐显示如图 4.37 所示，真实感显

图 4.31 公式曲线参数设置

图 4.32 绘制螺旋曲线

图 4.33 删除多余螺旋曲线

示如图 4.38 所示。

四、知识拓展

轴类零件是应用最为广泛的机械零件之一，是组成部件和机器的重要零件，是回转运动的传动零件，在工业中经常采用，我们通常采用的齿轮、带轮等零件都需要安装在轴上才能传递动力和运动。

图 4.34　构建基准面

图 4.35　螺纹牙型草图

图 4.36　导动除料实体

轴是用于支撑回转零件及传递运动和动力的重要零件。轴的基本结构类似，通常由实心或空心圆柱构成，包含键槽、安装连接用螺纹或螺孔和定位用的销孔、防应力集中的圆角等，如图 4.39 所示。

轴类零件一般为回转式，有空心轴和实心轴两种，如图 4.40 所示，轴类零件多为中心对称结构，多数均可通过草图截面通过旋转生成实体的方法造型，轴上的键槽可以通过拉伸除料的方法造型。

在阶梯轴的造型问题上，推荐采用草图加旋转增料的方式造型，这种方法非常直观，并且对于后期修改尺寸和形状非常方便。

图 4.37　螺杆实体模型消隐显示

图 4.38　螺杆实体模型真实感显示

图 4.39　轴类零件

图 4.40 阶梯轴零件

思考与练习

1. 按照图 4.41，在软件中进行简易齿轮轴的实体造型。

图 4.41 齿轮轴实体造型尺寸图

图 4.42 压盖实体造型尺寸图

2. 按照如图 4.42 所示给定的尺寸，作压盖实体造型，高 15mm。

3. 创建图 4.43 所示的弹簧实体模型。在 XOY 平面上生成回转 4 圈、半径 15、螺距 10、截面半径 2 的弹簧。

图 4.43 弹簧实体造型

任务 5　筋板类零件实体造型

一、任务导入

创建如图 4.44 所示的筋板实体模型。通过该实体造型的练习，初步学习筋板类零件实体造型的方法，掌握实体造型的操作技能。

图 4.44 筋板零件实体造型尺寸图

二、任务分析

从图 4.44 可以看出，该模型为筋板实体模型，完成基本造型后，建立筋板截面的基准平面，然后在基准平面上绘筋板草图，草图不封闭，最后通过"筋板"完成实体造型。

三、造型步骤

（1）在特征树上拾取"平面 XZ"。

（2）按 F2 键→按 F5 键→按如图 4.45（a）所示绘制草图→按 F2 键，生成"草图 2"→按 F8 键，结果如图 4.45（b）所示。

（3）单击"拉伸增料"图标 →双向拉伸→输入"深度"65。

图 4.45 绘制草图

图 4.46 拉伸增料实体   图 4.47 绘制草图

(4) 在特征树上拾取"草图 2"→单击确定按钮,生成一个实体→按 F8 键→结果如图 4.46 所示。

(5) 单击"相贯线"图标→选取"实体边界"→拾取实体边界→作边界线。

(6) 单击"直线"图标→两点线→连续→非正交→点方式。

(7) 拾取边界线中点,作一条斜线→右击结束,结果如图 4.47 所示。

(8) 单击"筋板"图标→双向加厚→输入"厚度"14,如图 4.48 所示。

(9) 在特征树上拾取"草图 4"→单击确定按钮,结果如图 4.48 所示。

(10) 单击"删除"图标→删除不必要的线,结果如图 4.49 所示。

图 4.48 筋板操作

图 4.49 筋板零件实体造型

四、知识拓展

筋板：在指定位置增加加强筋。

【操作】

① 输入命令，弹出筋板对话框，如图4.50所示。

② 选取筋板加厚方式，填入厚度，拾取草图，单击"确定"完成操作。

筋板有"单向加厚"和"双向加厚"两种方式。单向加厚是指按照固定的方向和厚度生成实体。双向加厚是指按照相反的方向生成给定厚度的实体。

图4.50 筋板操作

思考与练习

1. 按如图4.51所示给定的尺寸，创建轴承座实体造型。

图4.51 轴承座实体造型尺寸图

2. 按如图4.52所示给定的尺寸，用实体造型方法生成三维图。
3. 按如图4.53所示给定的尺寸，创建实体造型。
4. 按如图4.54所示给定的尺寸，创建端盖实体造型。
5. 按如图4.55所示给定的尺寸，创建端盖剖分实体造型。

图 4.52 支架实体造型尺寸图

图 4.53 连杆实体造型尺寸图

图 4.54　端盖实体造型尺寸图

图 4.55　端盖剖分实体造型尺寸图

任务 6 轴承座实体造型

一、任务导入

根据图 4.56 三视图所示尺寸，完成零件的三维实体造型，如图 4.57 所示，并作半剖造型。

图 4.56 轴承座实体造型尺寸图

图 4.57 轴承座实体造型

二、任务分析

轴承座由底板、圆柱、筋板和长方体组成,先作底板后作圆柱体,分步造型组合而成。

三、造型步骤

(1) 在特征树上拾取"平面XY"。

(2) 按F2键→按F5键→按如图4.56所示绘制底板草图→按F2键,生成"草图0"→按F8键,结果如图4.58所示。

(3) 单击"拉伸增料"图标 →单向拉伸→输入"深度"18。

(4) 在特征树上拾取"草图0"→单击确定按钮,生成一个实体→按F8键→结果如图4.59所示。

图4.58 绘制底板草图

图4.59 拉伸增料实体

(5) 单击底板上表面,按F2键,绘制φ60的圆,按F2键退出草图绘制状态,生成"草图2"。单击"拉伸增料"图标 →单向拉伸→输入"深度"62,结果如图4.60所示。

(6) 单击圆柱上平面,按F2键,绘制φ22的圆,按F2键退出草图绘制状态,生成"草图1"。单击"拉伸除料"图标 →贯通,结果如图4.61所示。

(7) 单击"相贯线"图标 →选取"实体边界"→拾取实体边界→作边界线。

(8) 按F7键,依据尺寸绘制如图4.62所示的定位线和筋板斜线。

(9) 按F8键,在特征树上拾取"平面XZ",按F2键,单击"曲线投影"图标 →单击一条筋板斜线,按F2键退出草图绘制状态,单击"筋板"图标 →双向加厚→输入"厚度"12,同样方法作另一筋板,结果如图4.63所示。

图 4.60 拉伸增料实体

（10）单击"删除"图标 ⌀→删除不必要的线。

图 4.61 拉伸除料实体

（11）单击"构建基准面"图标 ⚙→等距平面→输入"距离"40，如图 4.64 所示，→单击确定按钮，构建基准面 1，如图 4.65 所示。

（12）单击构建基准面 1，按 F2 键，按 F5 键，绘制草图，按 F2 键退出草图绘制状态，结果如图 4.66 所示。单击"拉伸增料"图标 ▣→拉伸到面→单击圆柱体外表面，结果如图 4.67 所示。

图 4.62 绘制筋板斜线草图

图 4.63 筋板实体

(13) 单击构建基准面 1，按 F2 键，按 F5 键，绘制圆草图，按 F2 键退出草图绘制状态，结果如图 4.68 所示。单击"拉伸除料"图标 →拉伸到面→单击圆柱体内表面，结果如图 4.69 所示。

(14) 过圆柱体中心，绘制一条 100mm 长的竖直线。单击"扫描面"图标 ，设置扫描距离，如图 4.70 所示，按"空格"键，选择 Y 轴负方向，另一面选择 X 轴正方向，结果如图 4.71 所示。

图 4.64 构建基准面对话框

图 4.65 构建基准面

图 4.66 绘制草图

图 4.67 拉伸增料操作

(15) 单击"分模"图标，选择"曲面分模"，如图 4.72 所示，单击两扫描面，结果如图 4.73 所示。

四、知识拓展

轴承座类零件主要用于支撑轴和轴上零件，从而为轴的旋转提供稳固可靠的基础。轴承分为滑动轴承和滚动轴承两大类，轴承可以起到减少转轴和支撑体之间的摩擦和磨损。如图 4.74 所示滑动轴承座，通常用于在高速、重载的情况下，例如在离心式压缩机、大型电机、水泥搅拌机、破碎机等设备。

图 4.68 绘制草图

图 4.69 轴承座实体造型

图 4.70 扫描面设置

图 4.71 轴承座实体造型

图 4.72 曲面分模操作

图 4.73 轴承座剖分实体造型

轴承座类零件一般由轴承座底座、轴承孔、支撑板、筋板以及固定孔和润滑孔组成，轴承座类零件多为支撑板和筋板支撑起来的轴承座孔，底座带固定孔的结构布局，可根据具体情况考虑采用多次拉伸增料的方法，从基础轮廓开始生成实体，然后灵活应用拉伸增料等指令，最终完成整个造型。

抽壳：根据指定壳体的厚度将实心物体抽成内空的、壁厚均匀的薄壳体。

【操作】

① 输入命令，弹出抽壳对话框，如图4.75所示。

② 输入抽壳厚度，选取需抽去的面，单击"确定"完成操作。

图4.74 轴承座类零件

图4.75 抽壳对话框

抽壳可以是等壁厚，也可以是不等壁厚。厚度是指抽壳后实体的壁厚。需抽去的面是指要拾取、去除材料的实体表面，如图4.76所示。

图4.76 抽壳实体

思考与练习

1. 按如图4.77所示给定的尺寸，用实体造型方法生成三维图。

图 4.77 轴承座零件尺寸图（一）

2. 按照如图 4.78 所示三视图给定的尺寸，创建实体造型。

图 4.78 轴承座零件尺寸图（二）

任务 7 端盖实体造型

一、任务导入

已知图 4.79 所示端盖三视图给定的尺寸，创建其实体造型。

图 4.79 端盖零件尺寸图

二、任务分析

盘盖类零件一般由盘盖主体、结构孔、工艺孔组成，盘盖类零件多为中心对称结构，可根据具体情况考虑采用草图截面通过旋转生成实体的方法，或者通过非回转的拉伸增料、拉伸除料的方法构成实体，如图 4.80 所示。

图 4.80 盘盖类零件组成及造型方法

经过阅读图纸，我们可以分析出端盖的主要构成如图4.81所示。

图4.81 盘盖类零件

三、造型步骤

（1）在特征树上拾取"平面XZ"。

（2）按F2键→按F5键→绘制R42的圆草图→按F2键，生成"草图0"→单击"拉伸增料"图标→单向拉伸→输入"深度"4。

（3）在特征树上拾取"草图0"→单击确定按钮，生成一个实体→按F8键→结果如图4.82所示。

（4）单击R42的圆柱体右面，按F2键→按F5键→绘制R50的圆草图→按F2键，生成"草图1"→单击"拉伸增料"图标→单向拉伸→输入"深度"22，在特征树上拾取"草图1"→单击确定按钮，生成一个实体→按F8键→结果如图4.83所示。

图4.82 拉伸增料圆柱实体

图4.83 拉伸增料实体

（5）单击R50的圆柱体右面，按F2键→按F5键→绘制R45的圆草图→按F2键，生成"草图2"→单击"拉伸除料"图标→单向拉伸→输入"深度"12，在特征树上拾取

"草图 2"→单击确定按钮,生成一个实体→按 F8 键→结果如图 4.84 所示。

(6) 单击 R45 的圆柱型腔右面,按 F2 键→按 F5 键→绘制 R20 的圆草图→按 F2 键,生成"草图 3"→单击"拉伸增料"图标 →单向拉伸→输入"深度"28,在特征树上拾取"草图 3"→单击确定按钮,生成一个实体→按 F8 键→结果如图 4.85 所示。

(7) 单击 R20 的圆柱右面,按 F2 键→按 F5 键→绘制图 4.86 所示草图→按 F2 键,生成"草图 4"→单击"拉伸除料"图标 →贯穿→在特征树上拾取"草图 4"→单击确定按钮,生成一个实体→按 F8 键→结果如图 4.87 所示。

图 4.84 拉伸除料实体

图 4.85 拉伸增料实体

图 4.86 绘制草图

图 4.87 拉伸除料实体

(8) 单击 R42 的圆柱左面,按 F2 键→按 F5 键→绘制图 4.88 所示草图→按 F2 键,生成"草图 5"→单击"拉伸增料"图标 →贯穿→在特征树上拾取"草图 5"→单击确定按钮,生成一个实体→按 F8 键→结果如图 4.89 所示。

(9) 按 F8 键→单击"倒角"图标 →输入"距离"2→输入"角度"45,依次拾取要倒角的表面上棱边→单击确定按钮,结果如图 4.90 所示。

图4.88 绘制小圆草图

图4.89 拉伸除料实体

图4.90 倒角过渡实体

图4.91 盘类零件举例

四、知识拓展

盘类零件主要起到传递动力和固定作用,法兰俗称法兰片或法兰盘,是管道、容器或其他结构中作可拆连接时最常用的重要零件,端盖是产品的密封和支承以及轴向定位的重要零件,在电机、减速器等产品中起到非常关键的作用,如图 4.91 所示,是法兰盘在球阀的结构中的一个典型应用。

法兰是一种盘状零件,凡是两个平面在周边使用螺栓连接同时封闭的连接零件,一般都称为"法兰"。

盘盖类零件造型是经常可以看到的结构形体,实际应用中的一些尺寸较大端盖在切削加工过程前,为节省材料,会采用铸造毛坯后进行切削加工的方法,考虑到铸造加工的特殊性,零件特征需要做出一些调整,增加拔模斜度就是一个非常重要的环节。

思考与练习

1. 按照图 4.92 所示尺寸,在软件中进行端盖的实体造型。

技术要求:
1.未注倒角为2×45°;
2.未注圆角为R3。

图 4.92 端盖实体造型尺寸图

2. 按照图 4.93 所示尺寸,在软件中进行手柄实体造型。
3. 按照图 4.94 所示尺寸,在软件中进行齿轮实体造型,类似实体如图 4.95 所示。

图 4.93 手柄实体造型尺寸图

图 4.94 齿轮实体造型尺寸图

图 4.95 齿轮实体模型

任务 8 吊耳实体造型

一、任务导入

绘制吊耳实体造型，尺寸如图 4.96 所示，实体模型如图 4.97 所示。

二、任务分析

吊耳的外轮廓是规则的曲面，因此在造型时使用拉伸增料和除料（双向、深度以及贯穿）来实现，最后使用过渡对实体棱线进行过渡处理完成吊耳实体造型。

图 4.96 吊耳实体造型尺寸图

三、造型步骤

（1）在特征树上拾取"平面 XZ"作为基准面。

（2）按 F2 键→按 F5 键→按尺寸绘制如图 4.98 所示的截面草图→按 F2 键，特征树上生成"草图 0"。

（3）按 F8 键→单击"拉伸增料"图标 →双向拉伸→输入"深度"90。

（4）在特征树上拾取"草图 0"→单击确定按钮，生成实体→按 F8 键→结果如图 4.99 所示。

图 4.97 吊耳实体模型

图 4.98 绘制截面草图

图 4.99 拉伸增料实体

(5) 在特征树上拾取"平面 XZ"作为基准面。

(6) 按 F2 键→按 F5 键→单击"曲线投影"图标，拾取图 4.99 侧面轮廓，通过等距 6 得到图 4.100 的截面草图→按 F2 键，特征树上生成"草图 1"。

(7) 按 F8 键→单击"拉伸除料"图标 →双向拉伸→输入"深度" 46。

(8) 在特征树上拾取"草图 1"→单击确定按钮，生成实体→按 F8 键→结果如图 4.101 所示。

(9) 单击图 4.101 左侧面作为基准面，按 F2 键→按 F5 键→单击"曲线投影"图标 ，拾取图 4.101 左侧面轮廓，通过等距 2 得到图 4.102 的截面草图→按 F2 键，特征树上生成"草图 2"。

图 4.100 绘制截面草图

图 4.101 拉伸除料实体

图 4.102 绘制截面草图

图 4.103 拉伸除料实体

图 4.104 拉伸除料实体

图 4.105 绘制草图

(10) 按 F8 键→单击"拉伸除料"图标 →双向拉伸→输入"深度"10。

(11) 在特征树上拾取"草图 2"→单击确定按钮,生成实体→按 F8 键→结果如图 4.103 所示。同样方法作左侧面除料操作,结果如图 4.104 所示。

(12) 单击图 4.104 前面作为基准面,按 F2 键→按 F5 键→单击"曲线投影"图标 ,拾取图 4.104 前面轮廓,得到图 4.105 的截面草图→按 F2 键,特征树上生成"草图 3"。

(13) 按 F8 键→单击"拉伸增料"图标 →单向拉伸→输入"深度"5。

(14) 在特征树上拾取"草图 3"→单击确定按钮,生成实体→按 F8 键→结果如图 4.106 所示。

(15) 单击图 4.106 上表面作为基准面,按 F2 键→按 F5 键→绘制两小 R2 的圆,得到图 4.107 的草图→按 F2 键,特征树上生成"草图 4"。

(16) 按 F8 键→单击"拉伸增料"图标 →单向拉伸→输入"深度"18。

(17) 在特征树上拾取"草图 4"→单击确定按钮→按 F8 键→结果如图 4.108 所示。

图 4.106　拉伸增料实体

图 4.107　绘制小孔草图

(18) 在特征树上拾取"平面 YZ"作为基准面。

(19) 按 F2 键→按 F5 键→按尺寸绘制如图 4.108 所示的 R4 圆草图→按 F2 键,特征树上生成"草图 5"。

(20) 按 F8 键→单击"拉伸除料"图标 →贯穿→在特征树上拾取"草图 5"→单击确定按钮,生成实体→按 F8 键→结果如图 4.109 所示。

(21) 单击过渡 按钮,在半径对话框中填入 5,然后用鼠标拾取实体的各条线,然后单击确定,完成零件的过渡处理,结果如图 4.110 所示。

四、知识拓展

1. 过渡

过渡是指以给定半径或半径规律在实体间作光滑(曲面)过渡。

【操作】

图 4.108 拉伸除料实体（一）

图 4.109 拉伸除料实体（二）

图 4.110 过渡实体

① 输入命令，弹出过渡对话框。

② 填入半径，确定过渡方式和结束方式，选择变化方式，拾取需要过渡的元素，单击"确定"完成操作。

过渡方式有两种：等半径和变半径。

结束方式有三种：缺省方式、保边方式和保面方式。

缺省方式是指以系统默认的保边或保面方式进行过渡。

2. 倒角

倒角是指对实体上两个平面的棱边进行光滑平面过渡的方法。

【操作】

① 输入命令,弹出倒角对话框。
② 输入距离和角度,拾取需要倒角的元素,单击"确定"完成操作。
在倒角操作中只有距离和角度两项需要进行参数设置。

思考与练习

1. 按照如图 4.111 所示给定的尺寸,作阀体的轴测剖视图,如图 4.112 所示。

图 4.111 阀体造型尺寸图

图 4.112 阀体轴测剖视图

2. 按照如图 4.113 所示三视图给定的尺寸,创建实体造型。

图 4.113　帽盖零件实体造型尺寸图

任务 9　箱体实体造型

一、任务导入

按照图 4.114 所示，在软件中进行减速器下箱体的实体造型。

二、任务分析

减速器下箱体（图 4.115），一般由底座、空腔主体、凸缘及密封孔和固定孔组成，箱体造型可以通过草图的拉伸增料生成底座、主体、凸缘实体，通过抽壳生成主体空腔，通过打孔生成各类孔系的特征造型方法完成。

三、造型步骤

（1）在特征树上拾取"平面 XY"。

（2）按 F2 键→按 F5 键→按如图 4.116 所示绘制底板草图→按 F2 键，生成"草图 0"→按 F8 键，结果如图 4.116 所示。

图 4.114 减速器下箱体实体造型尺寸图

图 4.115 减速器下箱体组成

（3）单击"拉伸增料"图标 → 单向拉伸 → 输入"深度"15。

（4）在特征树上拾取"草图0" → 单击确定按钮，生成一个实体 → 按 F8 键 → 结果如图 4.117 所示。

图 4.116 绘制底板草图　　　　图 4.117 拉伸增料实体

（5）单击底板上表面作为基准平面，按 F2 键→按 F5 键→按如图 4.118 所示绘制矩形草图→按 F2 键，生成"草图1"→按 F8 键，结果如图 4.118 所示。

（6）单击"拉伸增料"图标 →单向拉伸→输入"深度"138。

（7）在特征树上拾取"草图 1"→单击确定按钮，生成长方体实体→按 F8 键→结果如图 4.119 所示。

图 4.118 绘制草图　　　　图 4.119 拉伸增料实体

（8）单击"抽壳"图标 →输入厚度 8→单击上表面，结果如图 4.120 所示。

（9）单击底板下表面作为基准平面，按 F2 键→按 F5 键→按如图 4.121 所示绘制矩形草图→按 F2 键，生成"草图 2"→按 F8 键，结果如图 4.121 所示。

（10）单击"拉伸除料"图标 →单向拉伸→输入"深度"3。

（11）在特征树上拾取"草图 2"→单击确定按钮，除掉长方体实体→按 F8 键→结果如图 4.122 所示。

（12）单击上表面作为基准平面，按 F2 键→按 F5 键→按如图 4.123 所示绘制矩形草图→按 F2 键，生成"草图 3"→按 F8 键，结果如图 4.123 所示。

（13）单击"拉伸增料"图标 →单向拉伸→输入"深度"12。

图 4.120 拉伸除料实体（一）

图 4.121 绘制矩形草图

图 4.122 拉伸除料实体（二）

图 4.123 绘制凸缘草图

（14）在特征树上拾取"草图 3"→单击确定按钮，生成凸缘实体→按 F8 键→结果如图 4.124 所示。

（15）单击凸缘下表面作为基准平面，按 F2 键→按 F5 键→按如图 4.125 所示绘制草图→按 F2 键，生成"草图 4"→按 F8 键，结果如图 4.125 所示。

（16）单击"拉伸增料"图标 →单向拉伸→输入"深度"25。

（17）在特征树上拾取"草图 4"→单击确定按钮，生成凸缘实体→按 F8 键→结果如图 4.126 所示。

（18）单击箱体内表面作为基准平面，按 F2 键→按 F5 键→按如图 4.127 所示绘制草图→按 F2 键，生成"草图 5"→按 F8 键，结果如图 4.127 所示。

（19）单击"拉伸增料"图标 →单向拉伸→输入"深度"55。

（20）在特征树上拾取"草图 5"→单击确定按钮，生成圆柱实体→按 F8 键→结果如图 4.128 所示。同样方法可完成另一侧实体，如图 4.129 所示。

项目4 实体造型 133

图4.124 拉伸增料实体（一）

图4.125 绘制凸缘草图

图4.126 拉伸增料实体（二）

图4.127 绘制圆孔草图

图4.128 拉伸增料实体（三）

图4.129 拉伸增料实体（四）

图4.130 绘制除料草图

（21）在特征树上拾取"平面 XZ"，按 F2 键→按 F5 键→按如图 4.130 所示绘制矩形草图→按 F2 键，生成"草图6"→按 F8 键，结果如图 4.130 所示。

(22) 单击"拉伸除料"图标 → 双向拉伸 → 输入"深度"400。

(23) 在特征树上拾取"草图 0" → 单击确定按钮,生成一个实体 → 按 F8 键 → 结果如图 4.131 所示。

图 4.131　拉伸除料实体

图 4.132　构建基准面

(24) 单击"构建基准面"图标 → 等距平面 → 输入"距离"75 → 单击确定按钮,构建基准面 1,位置在左边前后圆槽的中心,如图 4.132 所示。

(25) 单击构建基准面 1 → 单击 F2 按钮,绘制筋板草图,按 F2 键退出草图绘制状态,如图 4.133 所示。

(26) 单击"筋板"图标 → 双向加厚 → 输入"厚度"12,结果如图 4.134 所示。同样方法作另一筋板,结果如图 4.135 所示。

图 4.133　绘制筋板草图

图 4.134　筋板实体

(27) 单击箱体上表面作为基准平面,按 F2 键 → 按 F5 键 → 按如图 4.136 所示绘制小孔草图 → 按 F2 键,生成"草图 7" → 按 F8 键,结果如图 4.136 所示。

(28) 单击"拉伸除料"图标 → 贯穿,结果如图 4.136 所示。同样方法作其他销孔的除料操作(省略步骤)。

项目4 实体造型 135

图 4.135 筋板实体

图 4.136 打孔实体

(29) 单击"打孔"图标 →拾取打孔平面→选择沉孔类型→设置孔的参数（图 4.137）→单击完成按钮，结果如图 4.138 所示。

图 4.137 设置孔参数

图 4.138 单个沉孔模型

(30) 单击"线形阵列"图标 →选取宽度方向为第一方向→拾取沉孔阵列对象，设置距离 148，数目 2，如图 4.139 所示→选取长度方向为第二方向，拾取沉孔阵列对象，设置距离 168，数目 3，如图 4.140 所示，单击确定完成沉孔线形阵列，结果如图 4.141 减速器箱体中阵列沉孔制作。

四、知识拓展

箱体的主要功能是包容、支撑、安装、固定部件中的其他零件，并作为部件的基础与机架相连。如图 4.141 箱体的内腔常用来安装轴、齿轮或者轴承等，所以两端均有装轴承盖及套的孔。箱体类零件在使用时经常要安装、合箱，所以箱体的座、盖上有许多安装孔、定位销孔、连接孔。

1. 打孔

打孔是指在实体的表面（平面）上直接去除材料生成各种类型的孔的方法。

图 4.139　线形阵列参数设置 1　　　　　　图 4.140　线形阵列参数设置 2

图 4.141　减速器箱体

【操作】
① 输入命令，弹出孔的类型对话框。
② 拾取打孔平面，选择孔的类型，指定孔的定位点，点击"下一步"。
③ 填入孔的参数，单击"确定"完成操作。

在孔的参数中主要有圆柱孔的直径、深度，圆锥的大径、小径、深度，沉孔的大径、深度、角度和钻头的参数等。通孔是指将整个实体贯穿。

2. 线性阵列

通过线性阵列可以沿一个方向或多个方向快速复制特征。

【操作】
① 输入命令，弹出线性阵列对话框。
② 分别在第一和第二阵列方向，拾取阵列对象和边/基准轴，填入距离和数目，单击"确定"完成操作。

阵列对象：是指要进行阵列的特征，单个阵列只有一个阵列特征，两个及以上特征为组合阵列。边/基准轴为阵列所沿的指示方向的边或者基准轴。

3. 环形阵列

绕某基准轴旋转将特征阵列为多个特征，构成环形阵列。基准轴应为空间直线。

【操作】

① 输入命令，弹出环形阵列对话框。

② 拾取阵列对象和边/基准轴，填入角度和数目，单击"确定"完成操作。

阵列对象：是指要进行阵列的特征，单个阵列只有一个阵列特征，两个及以上特征为组合阵列。边/基准轴为阵列所沿的指示方向的边或者基准轴。

思考与练习

按照图4.142所示，在软件中进行减速器箱盖的实体造型。

未注圆角R3～R5

图4.142 减速器箱盖实体造型尺寸图

项目小结

特征实体造型是CAXA制造工程师2013的重要组成部分。CAXA制造工程师2013采用精确的特征实体造型技术，完全抛弃了传统的体素合并和交并差的繁琐方式，将设计信息用特征术语来描述，使整个设计过程直观、简单、准确。

本项目主要通过手柄、螺杆、端盖、减速器箱体等9个实体造型的典型实例，帮助读者通过实际操作掌握拉伸、旋转、导动、放样、倒角、过渡、打孔、抽壳、拔模、分模等特征造型方式。

项 目 实 训

1. 按照如图 4.143 所示三视图给定的尺寸,创建轴承座实体造型。

图 4.143　轴承座实体造型尺寸图

2. 按照如图 4.144 所示三视图给定的尺寸,创建支架实体造型。

图 4.144　支架实体造型尺寸图

3. 按照如图 4.145 所给定的尺寸，创建阶梯轴实体造型。

图 4.145 阶梯轴实体造型尺寸图

项目 5 数控铣削编程与仿真加工

CAXA 制造工程师 2013 提供了多种加工方法，如平面区域加工、等高线加工、扫描线粗加工、摆线式粗加工、插铣式粗加工、导动线粗加工、限制线精加工、三维偏置精加工、深腔侧壁加工、槽加工、多轴加工、孔加工等 52 种加工方式，每一种加工方式，针对不同工件的情况，又可以有不同的特色，基本上满足了数控铣床、加工中心的编程和加工需求。在进行以上加工方式操作时，正确地填写各种加工参数，如刀次、铣刀每层下降高度、行距、拔模基准、切削量、截距、补偿等，是非常重要的。

【技能目标】
- 了解数控铣加工基础知识。
- 正确进行以自动加工为目的的 CAD 设计理念。
- 掌握 CAXA 制造工程师 2013 提供的多种加工轨迹生成方法。
- 掌握轨迹编辑及后置处理方法。

任务 1　长方体内型腔造型与加工

一、任务导入

已知图 5.1 所示长方盒体，完成其内型腔造型与加工。

二、任务分析

如图 5.1 所示的是长方体内型腔，可通过拉伸增料和拉伸除料完成造型，通过区域式粗加工方式完成仿真加工。

三、造型步骤

（1）单击零件特征树中的"平面 XOY"，XOY 面为绘图基准面，单击"绘制草图"图标 ，进入草图绘制状态。

（2）单击"曲线工具"中的"矩形"图标 ，选择对话框中默认的"中心_长_宽"方式，输入长度"150"，宽度"60"，选择原点作为中心点，完成矩形操作。

（3）单击"曲线过渡"图标 ，在弹出的过渡对话框中输入半径值"10"，然后选择相

图 5.1 长方盒体零件尺寸图

应的边,完成过渡操作,如图 5.2 所示。

(4) 单击"拉伸增料"图标,在弹出的拉伸对话框中输入深度值为"40",然后单击确定按钮,完成拉伸实体操作,如图 5.3 所示(可以按 F8 键观察其轴测图)。

(5) 拾取长方体的上表面作为绘图的基准面,然后单击"绘制草图"图标,进入草图绘制状态。按 F5 键切换为 *XOY* 面显示,单击曲线工具栏中的相关线图标 按钮,在对话框中选择"实体边界"方式,拾取长方体上表面的四边,生成 4 条直线。

(6) 单击"等距线"图标,选择对话框中默认的"单根曲线_等距"方式,输入距离为"15",然后拾取步骤(5)中生成的直线,选择指向坐标点的方向,绘制等距线,如图 5.4 所示。

图 5.2　绘制草图　　　　　　　　　　图 5.3　拉伸增料实体

(7) 单击"删除"图标,删除原直线。单击"绘制草图"图标,退出草图绘制状态。

(8) 单击"拉伸除料"图标,在弹出的拉伸对话框中输入深度值"25",然后单击确定,完成拉伸实体操作,如图 5.5 所示(可以按 F8 键观察其轴测图)。

图 5.4 绘制草图

图 5.5 拉伸除料实体

四、仿真加工

1. 加工前的准备工作

（1）设定加工刀具

操作步骤如下。

① 在特征树加工管理区内选择刀具库命令，弹出刀具库管理对话框。

② 增加铣刀。单击"增加刀具"按钮，在对话框中输入铣刀名称"D10，r1"，增加一个区域式加工需要的铣刀。

③ 设定增加的铣刀的参数。在刀具库管理对话框中输入准确的数值，其中的刀刃长度和刃杆长度与仿真有关，而与实际加工无关，刀具定义即完成。其他定义需要根据实际加工刀具来完成。

（2）后置设置　用户可以增加当前使用的机床，给出机床名，定义适合自己机床的后置格式。系统默认的格式为 FANUC 系统的格式。

操作步骤如下。

① 选择加工→后置处理→后置设置命令，或者选择特征树加工管理区的机床后置，弹出机床后置对话框。

② 机床设置。选择当前机床类型为"fanuc"。

③ 后置设置。单击后置设置标签，打开该选项卡，根据当前的机床，设置各参数。

（3）设定加工毛坯

操作步骤如下。

① 选择加工→定义毛坯命令，或者选择特征树加工管理区的毛坯，弹出"定义毛坯"对话框。

② 在毛坯定义选项组中选择"参照模型"方式，在系统给出的尺寸中进行调整，如图 5.6 所示。

③ 单击确定按钮后，生成毛坯。

④ 确定区域式加工的轮廓边界。

2. 区域式粗加工刀具轨迹

（1）单击曲线工具栏中的"相关线"图标

图 5.6 定义毛坯参数设置

按钮，在对话框中选择"实体边界"方式，拾取长方体内表面的四边，生成 4 条直线，作为加工边界。

（2）选择加工→粗加工→区域式粗加工命令，或者选择加工工具条中的图标 ，或者在特征树加工管理区空白处右击，在弹出的快捷菜单中选择加工→粗加工→区域式粗加工，如图 5.7 所示。

(3) 设置切削用量。设置"加工参数"选项卡中的铣削方式为"顺铣",根据选择刀具直径为 10mm 的平头槽铣刀,选择"Z 切入"中"层高"为"5"(该项为轴向切深),"XY 切入"中"行距"为"6","加工余量"为"0",如图 5.7 所示。在切削用量选项卡中设置"主轴转速"为"6000","切削速度"(即进给速度)为"900"。

(4) 单击刀具参数标签,打开该选项卡,选择已经在刀具库中设定好的槽铣刀"D10, r1",设定铣刀的参数。

(5) 单击加工边界标签,打开该选项卡,在"Z 设定"中输入"最大"为 25,"最小"为"2",确定加工部分,否则区域式加工将一直加工到底。

(6) 根据状态栏提示轮廓,拾取区域式加工的长方体内轮廓,右击确认。

图 5.7 区域式粗加工参数设置

(7) 根据状态栏的提示拾取岛屿,右击确认,选取系统默认岛屿。以后系统开始计算,最终得到加工轨迹,如图 5.8 所示。

图 5.8 区域式粗加工刀具轨迹

3. 轨迹仿真

(1) 单击线面可见按钮,显示所有已经生成的加工轨迹,然后拾取区域式粗加工轨迹,右击确认。或者在特征树加工管理区的粗加工刀具轨迹上右击,在弹出的快捷菜单中选择显示。

(2) 选择加工→轨迹仿真命令,或者在特征树加工管理区空白处右击,在弹出的快捷菜单中选择加工→轨迹仿真。拾取所有刀具轨迹,右击结束,系统进入加工仿真界面。

（3）单击仿真加工按钮，在弹出的对话框中单击仿真开始按钮，系统进入仿真加工状态，如图5.9所示。

（4）仿真检验后，退出仿真程序，单击文件→保存，保存粗加工和精加工轨迹。

图5.9　区域式粗加工刀具轨迹仿真

五、知识拓展

1. 区域粗加工

不必有三维模型，只要给出零件的外轮廓和岛屿，就可以生成加工轨迹。并且可以在轨迹尖角处自动增加圆弧，保证轨迹光滑，以符合高速加工的要求。

2. 加工仿真验证模块

对加工过程进行模拟仿真。仿真过程中可以随意放大、缩小、旋转，便于观察细节。能显示多道加工轨迹的加工结果。仿真过程中可以调节仿真速度。仿真过程中可以检查刀柄干涉、快速移动过程（G00）中的干涉、刀具无切削刃部分的干涉情况。可以把切削仿真结果与零件理论形状进行比较，切削残余量用不同的颜色区分表示。

思考与练习

1. 填空

（1）将设定好的毛坯参数锁住，则用户不能设定毛坯的（　　　　）、（　　　　）、（　　　　）等，其目的是（　　　　）。

（2）轨迹树记录了加工轨迹生成过程的所有参数，包括（　　　　）、（　　　　）和（　　　　）等，如需对加工轨迹进行编辑，只需（　　　　）即可。

2. 选择题

（1）铣削的主运动是（　　）。

A. 铣刀的旋转运动　　B. 铣刀的轴向运动　　C. 工件的移动

（2）在加工曲面较平坦的部位时，如不会发生过切，应优先选用（　　）。

A. 盘形铣刀　　B. 球头铣刀　　C. 平头铣刀

（3）铣削速度指的是铣刀（　　）处切削刃的线速度。

A. 最大直径　　　　　　B. 中心　　　　　　　　C. 切削刃中间

（4）在立式数控铣床中，在切出或切削结束后，刀具退刀的方向是（　　）进给。

A. 水平 x 方向　　　　B. 水平 y 方向　　　　C. 垂直向上

3. 操作题

（1）按如图 5.10 所示给定的尺寸进行实体造型，花形凸模厚 15mm，底板厚 5mm，用直径为 1.5mm 的端面铣刀做花形凸模的外轮廓和花形凸模的花形槽加工轨迹，最后在指定位置生成 6 个 $\phi5$ 小孔的加工轨迹。

图 5.10　花形凸模

（2）按如图 5.11 所示给定的尺寸进行实体造型，用直径为 6mm 的球面铣刀做正方体形腔加工轨迹。

图 5.11　正方体形腔零件尺寸图

任务2 圆台曲面造型与加工

一、任务导入

生成如图5.12所示的光滑双曲线台体粗加工轨迹。通过该台体粗加工轨迹生成的练习，初步学习数控编程粗加工轨迹生成方法，掌握数控编程加工的操作技能。

图5.12 双曲线台体零件尺寸图

二、任务分析

从图5.12可以看出，该模型为光滑双曲线台体，先建立线框模型，然后通过"导动线粗加工"生成粗加工轨迹。

三、造型步骤

用导动线粗加工方式作模具外表面加工轨迹。

(1) 完成如图5.13所示的线框造型。

(2) 单击主菜单中的加工项→毛坯→弹出定义毛坯对话框，采用"参照模型"方式定义毛坯。

(3) 单击主菜单中的加工项→粗加工→导动线粗加工→弹出"导动线粗加工"对话框。

(4) 设置"加工参数"。设置"切削用量"。设置"进退刀参数"。设置"下刀方式"。设置"铣刀参数"。设置"加工边界"。

(5) 单击确定按钮→先后拾取轮廓线和加工方向→确定轮廓线链搜索方向→拾取截面线

和加工方向→确定截面线链搜索方向→右击结束拾取→拾取确定加工外侧→右击,生成的刀具轨迹如图 5.14 所示。

图 5.13 双曲线台体线框造型

图 5.14 导动线粗加工刀具轨迹

提示：

(1) 导动线加工做造型时,只作平面轮廓线和截面线,不用做曲面或实体造型,简化了造型,而且比加工三维造型的加工时间要短,精度更高。

(2) 导动线加工与参数线加工和等高线加工相比,生成轨迹的速度非常快,生成的代码最短,而且加工效果最好。

(3) 导动线加工能够自动消除加工的刀具干涉现象,无论是自身干涉还是面干涉,都可以自动消除。

四、知识拓展

导动线粗加工：生成导动线粗加工轨迹。

1. 参数表说明

点取"加工"→"粗加工"→"导动线粗加工"菜单项,弹出对话框。

(1) 加工方向　加工方向设定有以下两种选择。顺铣：生成顺铣的轨迹。逆铣：生成逆铣的轨迹。

(2) XY 切入　XY 切入的设定有以下两种选择。

步长：输入 XY 方向的切入量。

残留高度：由球刀铣削时,输入铣削通过时的残余量（残留高度）。当指定残留时,会提示 XY 切削量。

(3) Z 切入　Z 切入的设定有以下两种选择。

层高：输入 1 次切入深度。Z 方向等间隔切入。

残留高度：球刀加工时,输入刀具通过时的残余量（残留高度）。指定残留高度能动态显示 XY 切削量。

(4) 截面形状　截面指定方法 有以下两种选择。

截面形状：参照加工领域的截面形状所指定的形状。

倾斜角度：以指定的倾斜角度,做成一定倾斜的轨迹。输入倾斜角度。输入范围为 $0°\sim90°$。

截面认识方法有以下两种选择。

向上方向：对于加工区域,指定朝上的截面形状（倾斜角度方向）,生成轨迹。

向下方向：对于加工区域，指定朝下的截面形状（倾斜角度方向），生成轨迹。

（5）XY加工方向　加工方向有以下两种选择。通常指定为"向外方向"。

向内方向：从加工边界（基本形状）一侧向加工领域的中心方向进行加工。

向外方向：从加工领域的中心向加工边界（基本形状）一侧方向进行加工。

（6）参数

加工精度：输入模型的加工精度。计算模型的轨迹误差小于此值。加工精度越大，模型形状的误差越大，模型表面越粗糙。加工精度越小，模型形状的误差越小，模型表面越光滑，但是，轨迹段的数目增多，轨迹数据量变大。

加工余量：相对模型表面的残留高度，可以为负值，但不要超过刀角半径。

（7）加工坐标系　生成轨迹所在的局部坐标系，单击加工坐标系按钮可以从工作区中拾取。

（8）起始点　刀具的初始位置和沿某轨迹走刀结束后的停留位置，单击起始点按钮可以从工作区中拾取。

2．具体操作步骤

（1）填写参数表。填写完成后按"确定"或"悬挂"按钮。

（2）系统提示"拾取轮廓和加工方向"。拾取封闭曲线。按鼠标右键结束拾取。

（3）系统提示"拾取截面线"。拾取曲线，按鼠标右键结束拾取。

（4）系统提示"正在计算轨迹，请稍候"。

轨迹计算完成后，在屏幕上出现加工轨迹，同时在加工轨迹树上出现一个新节点。如果填写完参数表后，按的是"悬挂"按钮。就不会有计算过程，屏幕上不出现加工轨迹，仅在轨迹树上出现一个新节点，这个新节点的文件夹图标上有一个黑点，表示这个轨迹还没有计算。在这个轨迹树节点上按鼠标右键，会弹出一个菜单，运行"轨迹重置"可以计算这个加工轨迹。

思考与练习

1．填空

（1）刀具轨迹是由一系列有序的刀位点和连接这些刀位点的（　　　　　　）或（　　　　　）组成的。

（2）铣削速度是指铣刀（　　　　　　　）处切削刃的线速度。铣削深度是指（　　　　　）与铣刀轴线方向所测得的切削层尺寸。铣削宽度是指（　　　　　）与铣刀轴线方向所测得的切削层尺寸。

2．选择题

（1）在进行数控编程时、交互指定待加工图形时，如加工的是由轮廓界定的加工区域，则轮廓是（　　　）的。

　　A．封闭　　　　　　B．不封闭　　　　　C．可封闭，也可不封闭

（2）不需加工的部分是（　　　）。

　　A．岛　　　　　　　B．区域　　　　　　C．轮廓

（3）在立式数控铣床中，在切出或切削结束后，刀具退刀的方向是（　　　）进给。

　　A．水平 x 方向　　　B．水平 y 方向　　　C．垂直向上

3. 操作题

（1）按如图 5.15 给定的尺寸进行实体造型，凸轮厚 15mm，用直径为 10mm 的端面铣刀做渐开凸轮外轮廓的加工轨迹。

图 5.15　凸轮零件尺寸图

（2）按如图 5.16 给定的碟子尺寸进行实体造型，并生成导动线粗加工轨迹。

图 5.16　碟子零件尺寸图

任务3 椭圆内壁造型与加工

一、任务导入

生成如图 5.17 所示的 100mm×100mm×40mm 长方体上的椭圆内壁精加工轨迹。通过该形体精加工轨迹生成的练习,初步学习数控编程精加工轨迹生成方法,掌握数控编程加工的操作技能。

二、任务分析

从图 5.17 可以看出,该模型为椭圆深腔内壁形体,先建立实体模型,然后通过"深腔侧壁加工"生成精加工轨迹。

图 5.17 长方体椭圆模型　　　　　　　　图 5.18 内椭圆线

三、造型步骤

(1) 按实例要求进行实体造型,椭圆凹坑:长轴 40、短轴 25、深为 20,如图 5.18 所示。

图 5.19 深腔侧壁精加工参数设置　　　　图 5.20 深腔侧壁精加工刀具轨迹

(2)单击主菜单中的加工项→毛坯→弹出定义毛坯对话框,采用"参考模型"方式定义毛坯。

(3)单击主菜单中的加工项→精加工→深腔侧壁加工→弹出深腔侧壁精加工对话框。

(4)设置"加工参数",如图5.19所示。设置"切削用量"。设置"下刀方式"。设置"铣刀参数"。

(5)单击确定按钮→拾取加工对象→右击→拾取轮廓边界(内椭圆线)→右击,生成的刀具轨迹如图5.20所示。

提示:

(1)一般选择一种特定的刀具作为深腔侧壁加工的刀具,其刀杆的直径要小于刀刃的直径。可以用端刀来生成加工轨迹,具体加工时再改用这种特殊的刀具,并且其刀刃参数和端刀的刀刃参数相同,而且刀具的刚性一定要好,特别是在型腔模具有一定深度的时候。

(2)不需要三维模型,只要给出二维轮廓线即可加工。可灵活设定加工深度。主要用于深腔模型侧壁的精加工。

四、知识拓展

深腔侧壁加工:生成深腔侧壁加工轨迹。

1. 参数表说明

点取"加工"→"精加工"→"深腔侧壁精加工"菜单项,弹出对话框。

加工参数说明如下。

(1) XY 切入有两种选择。

行距:通过行距来调整刀具轨迹的密度。

残留高度:通过刀具间残留高度来调整刀具轨迹的密度,其最大值不应该超过刀具的半径。

(2)偏移方向。

左:在轮廓线左面沿着加工方向进行加工。

右:在轮廓线右面沿着加工方向进行加工。

(3)加工模式的设定有以下三种选择。

绝对:对 z 的最大值与最小值之间模型进行加工。

相对:在距离轮廓线 z 值的位置上进行加工。

检查面:对轮廓线与检查曲面之间的模型进行加工。

加工坐标系:点击此键,可以选择坐标系作为工作坐标系。

起始点:决定刀具的起始位置,可以有两种方式来决定起始点:当点击起始点键时,可以在工作区直接用鼠标点击来确定起始点;在对话框中填入起始点的 x 值、y 值和 z 值来确定起始点。

2. 具体操作步骤

(1)填写参数表。填写完成后按"确定"或"悬挂"按钮。

(2)系统提示"拾取轮廓和加工方向",拾取曲线,按鼠标右键结束。

(3)系统提示"正在计算轨迹,请稍候"。

轨迹计算完成后,在屏幕上出现加工轨迹,同时在加工轨迹树上出现一个新节点。如果填写完参数表后,按的是"悬挂"按钮。就不会有计算过程,屏幕上不出现加工轨迹,仅在轨迹树上出现一个新节点,这个新节点的文件夹图标上有一个黑点,表示这个轨迹还没有计算。在这个轨迹树节点上按鼠标右键,会弹出一个菜单,运行"轨迹重置"可以计算这个加工轨迹。

思考与练习

1. 填空题

(1) 一个完整的程序由(　　　　)、(　　　　)和(　　　　)三部分组成。

(2) 铣削中的进给量有三种表示方法,它们是(　　　　)进给量、(　　　　)进给量和(　　　　)进给量。

(3) 加工误差是指(　　　　)与(　　　　)之间的偏差。

2. 简答题

(1) 确定加工路线有哪些原则?

(2) 简要说明刀具有哪些进刀方式?

3. 操作题

按如图 5.21 所示给定的尺寸,用实体造型方法生成三维图,并生成等高线粗加工轨迹及弧形曲面的参数线精加工轨迹。

图 5.21　弧形曲面体

任务 4　手机造型与加工

一、任务导入

在 110mm×50mm×10mm 的长方体上完成手机造型,过渡半径均为 2,如图 5.22 为手机型腔设计造型,图 5.23 为手机凹模型腔,图 5.24 为手机壳设计造型。

二、任务分析

手机产品造型中手机盖造型是关键。首先，将手机型腔进行造型设计。其次，对相连区域进行光顺过渡，完成手机盖外形的主要轮廓的造型设计，如图 5.24 所示。最后，再进行手机型腔和凹模部分造型，如图 5.22 和图 5.23 所示。

由于手机要求精度高，模具寿命长，使用了较高硬度的材料，其材料为 H13 钢，并且要求数控加工时做到有足够的精度，减少手工工作量，所以选用高速加工中心进行铣削加工。根据本例的形状特点，粗加工和精加工都采用等高加工方式，手机壳采用浅平面精加工方式。

三、造型加工步骤

1. 手机型腔进行造型设计

（1）完成如图 5.22 的手机型腔造型设计，完成如图 5.24 的手机壳造型设计。

（2）将零件存成"手机.x_t"文件，然后进行布尔运算。

（3）单击"实体布尔运算"按钮 →弹出打开对话框。

（4）选取文件"手机.x_t"→单击打开按钮→弹出选择布尔运算方式的对话框。

（5）选择布尔运算方式，"当前零件-输入零件"→捕捉坐标中心为定位点。

（6）选取定位方式。若为给定旋转角度，则输入"角度二"为 180，单击确定完成操作，结果如图 5.23 所示。

图 5.22　手机型腔设计造型　　　　　图 5.23　手机凹模型腔

图 5.24　手机壳设计造型

2. 手机壳浅平面精加工

（1）单击主菜单中的加工项→毛坯→弹出定义毛坯对话框，采用"参照模型"方式定义毛坯。

（2）单击主菜单中的加工项→精加工→浅平面精加工→弹出浅平面精加工对话框。

（3）设置"加工参数"，如图 5.25 所示。设置"切削用量"。设置"下刀方式"。设置"铣刀参数"。设置"加工边界"。

（4）单击确定按钮→拾取加工曲面→右击→拾取加工边界→右击，生成的刀具轨迹如图 5.26 所示。

图 5.25　浅平面精加工参数设置　　　　图 5.26　浅平面精加工刀具轨迹

3. 手机凹模粗加工

（1）在特征树加工管理区内选择刀具库命令，弹出刀具库管理对话框。

（2）增加铣刀。单击增加刀具按钮，在对话框中输入铣刀名称"D6，r3"，增加一个硬质合金铣刀，材料为 TiALN，用于粗加工。在对话框中输入铣刀名称"D2，r1"，增加一个整体式硬质合金球头铣刀，用于精加工。

（3）设定增加的铣刀的参数。如表 5-1 所示等高线加工参数。

表 5-1　等高线加工参数表

加工类型	刀具尺寸/mm	主轴转速/(r/min)	进给速度/(m/min)	切削深度/mm
粗加工	D6 球头铣刀	3000	0.5	1
精加工	D2 球头铣刀	3200	1.2	0.05
清根	D1 球头铣刀	3600	0.8	0.05

（4）选择加工→粗加工→等高线粗加工命令，或者选择"加工工具条"中的图标 ，或者在特征树加工管理区空白处右击，在弹出的快捷菜单中选择加工→粗加工→等高线粗加工。

（5）设置切削用量。设置加工参数选项卡中的铣削方式为顺铣，根据选择刀具直径为 6mm，选择 Z 切入中层高为 1（该项为轴向切深），XY 切入中行距为 3（该项为径向切深），加工余量为 0.5。在切削用量选项卡中设置主轴转速为 3000r/min，切削速度为 500mm/min。

（6）根据加工实际选择切入切出和下刀方式选项卡。

（7）单击刀具参数标签→打开该选项卡→选择铣刀为"D6，r3"→设定铣刀的参数。

（8）单击确定按钮后，系统提示要求选择需要加工的曲面，手动选择需要加工的曲面，右击确认。系统继续提示要求选择加工边界，直接右击，按照系统默认加工边界，以后系统开始计算，稍后得出轨迹如图 5.27 所示。

（9）拾取粗加工刀具轨迹→右击选择隐藏命令，将粗加工轨迹隐藏，以便观察下面的精加工轨迹。

图 5.27 手机凹模粗加工轨迹

图 5.28 手机凹模精加工轨迹

图 5.29 手机凹模精加工仿真

4．手机凹模精加工

（1）选择加工→精加工→等高线精加工命令，或者选择"加工工具条"中的图标，或者在特征树加工管理区空白处右击，并在弹出的快捷菜单中选择加工→精加工→等高线精加工。

（2）设置切削用量。设置加工参数选项卡中的铣削方式为顺铣，根据选择刀具直径为

2mm，选择 Z 切入中层高为 0.05（该项为轴向切深）。在切削用量选项卡中设置主轴转速为 3200，切削速度为 1200。

（3）根据加工实际选择切入切出和下刀方式选项卡。

（4）单击铣刀参数标签，打开该选项卡，选择铣刀为"D2，r1"，设定铣刀的参数。

（5）单击确定按钮后，系统提示要求选择需要加工的曲面→手动选择需要加工的曲面→右击确认。系统继续提示要求选择加工边界→直接右击，按照系统默认加工边界，以后系统开始计算，最后得出轨迹如图 5.28 所示，仿真结果如图 5.29 所示。

四、知识拓展

1. 浅平面精加工

浅平面精加工在平坦部生成扫描线加工轨迹。

（1）参数表说明

点取"加工"→"精加工"→"浅平面精加工"菜单项，弹出对话框。

① 加工方向设定有以下三种选择。

顺铣：生成顺铣的加工轨迹。

逆铣：生成逆铣的加工轨迹。

往复：生成往复加工轨迹。

② XY 向。

行距：XY 方向的相邻扫描行的距离。

残留高度：相邻切削轨迹间残余量的高度。当指定残留高度时，会提示行距的大小。

角度：扫描线切削轨迹的角度。

③ 加工顺序有以下两种选择方式。

区域优先：当判明加工方向截面后，生成区域优先的加工轨迹。

截面优先：当判明加工方向截面后，抬刀后快速移动然后下刀，生成截面优先的加工轨迹。

④ 行间连接方式。行间连接有如下两种方式。

抬刀：通过抬刀，快速移动，下刀完成相邻切削行间的连接。

投影：在需要连接的相邻切削行间生成切削轨迹，通过切削移动来完成连接。

最大投影距离：投影连接的最大距离，当行间连接距离（XY 向）≤最大投影距离时，采用投影方式连接，否则，采用抬刀方式连接。

⑤ 加工参数。

加工精度：输入模型的加工精度。计算模型的加工轨迹的误差小于此值。加工精度越大，模型形状的误差也增大，模型表面越粗糙。加工精度越小，模型形状的误差也减小，模型表面越光滑，但是，轨迹段的数目增多，轨迹数据量变大。

加工余量：相对模型表面的残留高度，可以为负值，但不要超过刀角半径。

⑥ 平坦部识别。

最小角度：输入作为平坦部的最小角度。水平方向为 0°。输入的数值范围在 0°～90°。

最大角度：输入作为平坦部的最大角度。水平方向为 0°。输入的数值范围在 0°～90°。

偏移量：输入一圈量（延长量）。该延长量是指从以上设定的平坦部的领域往外的偏移量。

（2）具体操作步骤

① 填写参数表。填写完成后按"确定"或"悬挂"按钮。

② 系统提示"拾取加工对象"。拾取要加工的模型。

③ 系统提示"拾取加工边界"。拾取封闭的加工边界曲线，或者直接按鼠标右键不拾取边界曲线。

④ 系统提示"正在计算轨迹，请稍候"。

轨迹计算完成后，在屏幕上出现加工轨迹，同时在加工轨迹树上出现一个新节点。如果填写完参数表后，按的是"悬挂"按钮。就不会有计算过程，屏幕上不出现加工轨迹，仅在轨迹树上出现一个新节点，这个新节点的文件夹图标上有一个黑点，表示这个轨迹还没有计算。在这个轨迹树节点上按鼠标右键，会弹出一个菜单，运行"轨迹重置"可以计算这个加工轨迹。

浅平面精加工方式生成浅平面精加工轨迹，能自动识别零件模型中平坦的区域，针对这些区域生成精加工刀具轨迹，大大提高了零件平坦部分的精加工效率。

2. 等高线粗加工

等高线粗加工生成分层等高式粗加工轨迹。

（1）参数表1说明

点取"加工"→"粗加工"→"等高线粗加工"菜单项。

① 加工方向。加工方向设定有以下两种选择，顺铣和逆铣。

② Z 切入。Z 向切削设定有以下两种定义方式。

层高：Z 向每加工层的切削深度。

残留高度：系统会根据残留高度的大小计算 Z 向层高，在对话框中提示。

最大层间距：输入最大 Z 向切削深度。

根据残留高度值在求得 Z 向的层高时，为防止在加工较陡斜面时可能层高过大，限制层高在最大层间距的设定值之下。

最小层间距：输入最小 Z 向切削深度。

根据残留高度值在求得 Z 向的层高时，为防止在加工较平坦面时可能层高过小，限制层高在最小层间距的设定值之上。

③ XY 切入。XY 切入量的设定有以下两种选择。

行距：输入 XY 方向的切入量。

残留高度：用球刀铣削时，输入铣削的残余量（尖端高度）。指定残留高度时，XY 切削行距可以自动显示。

前进角度：当切削模式为"平行（单向）"和"平行（往复）"时进行设定。

输入切削轨迹的前进角度。

输入 $0°$，生成与 X 轴平行的轨迹。

输入 $90°$，生成与 Y 轴平行的轨迹。

输入值范围是 $0°\sim 360°$。

④ 拐角半径：在拐角部分加上圆弧。

添加拐角半径：设定在拐角部分增加圆角。高速切削时减速转向，防止拐角处的过切。

刀具直径百分比：指定圆角的圆弧半径相对于刀具直径的比率（%）。例，刀具直径比为 20（%），刀具直径为 50 的话，插补的圆角半径为 10。

半径：指定拐角处圆弧的大小（半径）。

⑤ 选项。

删除面积系数：基于输入的删除面积值，设定是否生成微小轨迹。刀具截面积和等高线截面面积若满足下面的条件时，删除该等高线截面的轨迹。

⑥ 参数。

加工精度：输入模型的加工精度。计算模型的加工轨迹的误差小于此值。加工精度越大，模型形状的误差也增大，模型表面越粗糙。加工精度越小，模型形状的误差也减小，模型表面越光滑，但是，轨迹段的数目增多，轨迹数据量变大。

加工余量：相对模型表面的残留高度，可以为负值，但不要超过刀角半径。

⑦ 行间连接方式。行间连接方式有以下三种类型。

直线：行间连接的路径为直线形状。

圆弧：行间连接的路径为半圆形状。

S 形：行间连接的路径为 S 字形状。

(2) 参数表 2 说明

① 稀疏化加工。粗加工后的残余部分，用相同的刀具从下往上生成加工路径。

稀疏化：确定是否稀疏化。

间隔层数：从下向上，设定欲间隔的层数。

步长：对于粗加工后阶梯形状的残余量，设定 X-Y 方向的切削量。

残留高度：用球刀铣削时，输入铣削通过时残余量（残留高度）。指定残留高度时，XY 切入量自动显示。

② 区域切削类型。在加工边界上重复刀具路径的切削类型有三种选择。

抬刀切削混合：在加工对象范围中没有开放形状时，在加工边界上以切削移动进行加工。有开放形状时，回避全部的段。

切入量＜刀具半径/2 时，延长量＝刀具半径＋行距。

切入量＞刀具半径/2 时，延长量＝刀具半径＋刀具半径/2。

抬刀：刀具移动到加工边界上时，快速往上移动到安全高度，再快速移动到下一个未切削的部分（刀具往下移动位置为"延长量"远离的位置）。

仅切削：在加工边界上用切削速度进行加工。

注意：加工边界（没有时为工件形状）和凸模形状的距离在刀具半径之内时，会产生残余量。对此，加工边界和凸模形状的距离要设定比刀具半径大一点，这样可以设定"区域切削类型"为"抬刀切削混合"以外的设定。

延长量：输入延长量。

③ 执行平坦部识别。自动识别模型的平坦区域，选择是否根据该区域所在高度生成轨迹。

再计算从平坦部分开始的等间距：设定是否根据平坦部区域所在高度重新度量 Z 向层高，生成轨迹。

不选择再计算时，在 Z 向层高的路径间，插入平坦部分的轨迹。

（3）具体操作步骤

① 填写参数表。填写完成后按"确定"或"悬挂"按钮。

② 系统提示"拾取加工对象"。拾取要加工的模型。

③ 系统提示"拾取加工边界"。拾取封闭的加工边界曲线，或者直接按鼠标右键不拾取边界曲线。

④ 系统提示"正在计算轨迹，请稍候"。

轨迹计算完成后，在屏幕上出现加工轨迹，同时在加工轨迹树上出现一个新节点。

思考与练习

1. 填空题

（1）CAXA 制造工程师可实现的铣加工包括：两轴加工、（　　）加工和（　　）加工。

（2）轨迹生成中主要包括：平面轮廓加工、（　　）加工、（　　）加工、（　　）加工、（　　）加工、（　　）加工等。

2. 简答题

（1）何为二轴半加工？何为三轴加工？各适用哪些场合？

（2）平面区域加工可以处理中间没有岛的情况吗？

3. 操作题

按如图 5.30（a）所示给定的尺寸，用实体造型方法生成三维图，如图 5.30（b）所示，并采用适当的方法生成内形腔加工轨迹。

(a)形腔模型尺寸图

图 5.30

(b)形腔模型立体图

图 5.30 形腔模型

任务 5 凸轮外轮廓造型与加工

一、任务导入

按如图 5.31 给定的尺寸进行实体造型,凸轮厚 15mm,用直径为 10mm 的端面铣刀做

$x = 20*(\cos(t)+t*\sin(t))$
$y = 20*(\sin(t)-t*\cos(t))$
$t = 1 - 6.28$

图 5.31 凸轮零件尺寸图

渐开凸轮外轮廓的加工轨迹。通过该形体精加工轨迹生成的练习，初步学习数控编程精加工轨迹生成方法，掌握数控编程加工的操作技能。

二、任务分析

从图 5.31 可以看出，该模型为凸轮形体，先建立实体模型，然后通过"轮廓线精加工"生成精加工轨迹。

三、仿真加工

1．工艺选择

由于该凸轮的整体形状就是一个轮廓，所以粗加工采用区域式粗加工方式，精加工采用轮廓线精加工方式。加工坐标原点选择渐开线公式原点，将凸轮底部设置为坐标轴零点，用 $R10$ 的端面铣刀在轮廓方向上做一次切削，厚度方向上分 3 层加工，每层深度 5mm。

2．凸轮造型

（1）在特征树上拾取"平面 XY"。

（2）按 F2 键→按 F5 键，绘制草图。

（3）绘制渐开线公式曲线，公式曲线设置对话框如图 5.32 所示。

（4）绘制与该公式曲线相距"80"的等距线，如图 5.33 所示。

（5）绘制过原点的辅助垂线，如图 5.34 所示。

图 5.32 公式曲线参数设置

（6）绘制半径 $R80$ 的圆，圆心选择等距线与辅助垂线的交点，该圆将和渐开线相切，如图 5.34 所示。

图 5.33 绘制等距线草图

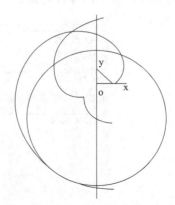

图 5.34 绘制圆草图

（7）作半径 $R20$ 的圆弧过渡。

（8）删除、裁剪多余线段，整理草图如图 5.35 所示。

（9）按 F2 键，特征树上生成"草图 0"。

(10) 按 F8 键→单击"拉伸增料"图标 →固定深度→反向拉伸→输入"深度"15。在特征树上拾取"草图 0"→单击确定按钮。然后用"拉伸增料"和"拉伸除料"完成 R25 凸台和 R15 孔的造型。结果如图 5.36 所示。

图 5.35 绘制凸轮草图

图 5.36 拉伸凸轮实体

3. 加工前的准备工作

(1) 设定加工刀具

① 在特征树加工管理区内选择刀具库命令，弹出刀具库管理对话框。

② 增加铣刀。单击增加刀具按钮，在对话框中输入铣刀名称"D20，r2"，增加一个粗加工需要的铣刀。在对话框中输入铣刀名称"D12，r0"，增加一个精加工需要的铣刀。

(2) 后置设置 用户可以增加机床，给出机床名，定义适合自己机床的后置格式。系统默认的格式为 FANUC 系统的格式。

(3) 设定加工毛坯 在加工中可以将凸轮作为一个岛屿来考虑，为此，需要在其外部设置区域式粗加工的零件轮廓。那么考虑在其外部作出一个矩形来作为区域式粗加工的零件轮廓、然后依据该矩形做出零件毛坯。

① 按 F5 键，在 XOY 平面内绘图。选择造型→曲线生成→矩形命令。在绘图区左边弹出下拉列表框及文本框。设置参数如图 5.37 所示。以（-7，-28）为中心，确定该矩形作为平面轮廓方式加工的零件轮廓。

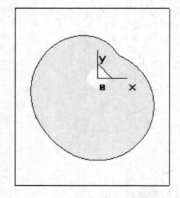

图 5.37 绘制毛坯轮廓

② 选择加工→定义毛坯命令，或者选择特征树加工管理区的"毛坯"，弹出定义毛坯对话框。

③ 在毛坯定义中定义毛坯参数如图 5.38 所示。

④ 单击确定按钮后，生成毛坯如图 5.39 所示。

4. 区域式粗加工刀具轨迹

（1）选择加工→粗加工→区域式粗加工命令，或者选择"加工工具条"中的图标 ，弹出区域式粗加工对话框，如图 5.40 所示。

（2）设置切削用量。设置加工参数选项卡中的铣削方式为顺铣，切削模式设定为环切，根据选择刀具直径为 20mm，选择 Z 切入中层高为 5（该项为轴向切深），XY 切入中行距为 0.5（该项为径向切深），加工余量为 0.5。在切削用量选项卡中设置主轴转速为 320，切削速度为 50。

（3）根据加工实际，设置切入切出和下刀方式选项卡。

图 5.38　毛坯参数设置

图 5.39　生成毛坯模型

（4）单击铣刀参数标签，打开该选项卡→选择铣刀为"D20，r2"，设定铣刀的参数。

（5）单击确定按钮后，系统提示要求拾取轮廓，选择矩形外框作为轮廓。系统提示要求确定链搜索方向，单击在矩形上显示任一方向的箭头。系统继续提示要求拾取轮廓，此时直接右击。系统提示要求拾取岛屿，选择凸轮外轮廓。系统提示要求确定链搜索方向，单击在凸轮外轮廓上显示的任一方向的箭头。系统继续提示要求拾取岛屿，此时直接右击，以后系统开始计算，稍后得出轨迹，如图 5.41 所示。

（6）拾取粗加工刀具轨迹→右击选择隐藏命令，将粗加工轨迹隐藏，以便观察下面的精加工轨迹。

5. 轮廓线精加工刀具轨迹

（1）选择加工→精加工→轮廓线精加工命令，或者选择"加工工具条"中的图标 ，或者在特征树加工管理区空白处右击，在弹出对话框中选择加工→精加工→轮廓线精加工命令，弹出轮廓线精加工对话框，如图 5.42 所示。

（2）设置切削用量。根据选择刀具直径为 12mm，选择 Z 切入中层高为 5（该项为轴向

图 5.40　区域式粗加工参数设置

图 5.41　区域式粗加工刀具轨迹

切深），XY 切入中行距为 0.5（该项为径向切深），加工余量为 0。在切削用量中设置主轴转速为 500，切削速度为 85，如图 5.42 所示。

（3）根据加工实际选择切入切出和下刀方式选项卡，与粗加工的设置相同。

（4）单击刀具参数标签，打开该选项卡，选择铣刀为"D12，r0"，设定铣刀的参数。

（5）单击确定按钮后，系统提示要求拾取轮廓，选择凸轮外轮廓。系统提示要求确定链搜索方向，单击在凸轮外轮廓上显示的任一方向的箭头。系统继续提示要求拾取轮廓，此时直接右击，以后系统开始计算，最后得出轨迹，如图 5.43 所示。

项目5 数控铣削编程与仿真加工 165

图 5.42 轮廓线精加工参数设置　　　　图 5.43 轮廓线精加工刀具轨迹

6. 轨迹仿真

（1）单击编辑→可见，显示所有已经生成的加工轨迹。然后拾取加工轨迹，单击确认。或者在特征树加工管理区的粗加工刀具轨迹上右击，在弹出的快捷菜单中选择"显示"。

（2）选择加工→轨迹仿真命令，或者在特征树加工管理区空白处右击，在弹出的快捷菜单中选择加工→轨迹仿真，拾取粗加工/精加工的刀具轨迹，右击结束，系统进入加工仿真界面。

（3）单击仿真加工按钮，在弹出的界面中设置好参数后单击仿真开始按钮，系统进入仿真加工状态。

（4）仿真结束后，仿真结果如图 5.44、图 5.45 所示。

图 5.44 区域式粗加工刀具轨迹仿真

图 5.45 轮廓线精加工刀具轨迹仿真

(5) 仿真检验无误后,退出仿真程序回到 CAXA 制造工程师 2013 的主界面。单击文件→保存,保存粗加工和精加工轨迹。

7. 生成 G 代码

(1) 选择加工→后置处理→生成 G 代码命令,弹出选择后置文件对话框,填写加工代码文件名"凸轮粗加工",单击保存按钮。

(2) 拾取生成的粗加工的刀具轨迹→右击确认,将弹出的粗加工代码文件保存即可,如图 5.46 所示。

图 5.46 凸轮粗加工 G 代码

(3) 用同样的方法生成精加工 G 代码。

四、知识拓展

轮廓线精加工生成轮廓加工轨迹。

1. 参数表说明

点取"加工"→"精加工"→"轮廓线精加工"菜单项,弹出对话框。

(1) 偏移类型　偏移类型有以下两种方式选择。根据偏移类型的选择,后面的参数可以在"偏移方向"或者"接近方法"间切换。

偏移:对于加工方向,生成加工边界右侧还是左侧的轨迹。偏移侧由偏移方向指定。

边界上:在加工边界上生成轨迹。接近方法中指定刀具接近侧。

(2) 偏移方向　"偏移类型"选择为"偏移"时设定。对于加工方向,相对加工范围偏移在哪一侧,有以下两种选择。不指定加工范围时,以毛坯形状的顺时针方向作为基准。

右:在右侧做成偏移轨迹。

左:在左侧生成偏移轨迹。

(3) 接近方法　"偏移类型"选择为"边界上"时设定。对于加工方向,相对加工范围偏移在哪一侧,有以下两种选择。不指定加工边界时,以毛坯形状的顺时针方向作为基准。

右:生成相对于基准方向偏移在右侧的轨迹。

左:生成相对于基准方向偏移在左侧的轨迹。

(4) XY 切入　XY 切入的设定有以下两种选择。

行距:输入 XY 方向的切削量。

残留高度:由球刀铣削时,输入铣削通过时的残余量(残留高度)。当指定残留高度时,会提示 XY 方向的切削量。

刀次:输入加工次数。

加工顺序:Z 方向切削和 XY 方向切削都设定复数回加工时,加工的顺序有以下两种选择。

Z 优先:生成 Z 方向优先加工的轨迹。

XY 优先:生成 XY 方向优先加工的轨迹。

(5) 半径补偿　生成半径补偿轨迹:选择是否生成半径补偿轨迹。不生成半径补偿轨迹时,在偏移位置生成轨迹。生成半径补偿轨迹时,对于偏移的形状再作一次偏移。这次轨迹生成在加工边界位置上,在拐角部附加圆弧。圆弧半径为所设定刀具的半径。

(6) 参数　加工精度:输入模型的加工精度。计算模型的轨迹的误差小于此值。加工精度越大,模型形状的误差也增大,模型表面越粗糙。加工精度越小,模型形状的误差也减小,模型表面越光滑,但是,轨迹段的数目增多,轨迹数据量变大。

加工余量:相对模型表面的残留高度,可以为负值,但不要超过刀角半径。

2. 具体操作步骤

(1) 填写参数表。填写完成后按"确定"或"悬挂"按钮。

(2) 系统提示"拾取轮廓"。根据提示可以拾取多个轮廓。按鼠标右键结束拾取轮廓。也可以不拾取轮廓直接按鼠标右键,这是系统把毛坯最大外轮廓作为缺省轮廓。

(3) 系统提示"正在计算轨迹,请稍候"。

思考与练习

按图 5.47 所示凸台模具尺寸完成其实体造型,并生成凸台模具轮廓加工轨迹。

图 5.47 凸台模具尺寸图

任务 6 　 鼠标造型与加工

一、任务导入

完成如图 5.48 所示尺寸的鼠标实体造型，并生成加工轨迹。

图 5.48 鼠标零件尺寸图

二、任务分析

由图 5.48 可知鼠标的形状主要是由顶部曲面和轮廓曲面组成的，因此在构造实体时首先应使用拉伸增料生成实体特征，然后利用曲面剪裁生成顶部曲面，完成造型。

三、造型步骤

（1）单击状态树中的"平面 XY"，确定绘制草图的基准面。屏幕绘图区中显示一个虚线框，表明该平面被拾取到。

(2) 单击绘制草图按钮 ![icon]，或按 F2 键，进入绘制草图状态。

(3) 单击 ![icon] 按钮，在"立即菜单"中选择"两点矩形"方式。按回车键，弹出坐标输入条，输入起点坐标（-70，35，0），按回车键确定。再次按回车键，弹出坐标输入条，输入终点坐标（30，-35，0），按回车键确定。矩形生成如图 5.49 所示。

(4) 单击 ![icon] 按钮，在"立即菜单"中选择"三点圆弧"方式。按空格键弹出"点工具"菜单，单击"切点"。依次单击最上面的直线，最右面的直线和下面的直线，就生成与这 3 条直线相切的圆弧，如图 5.50 所示。

(5) 单击曲线裁剪按钮 ![icon]，在"立即菜单"中选择"快速裁剪"和"正常裁剪"。按状态栏提示拾取被裁剪曲线，单击上面直线的右段，单击下面直线的右段，裁剪完成，结果如图 5.51 所示。

(6) 单击删除按钮 ![icon]，单击右边的直线，按右键确认将其删除。

(7) 单击"草图环检查"按钮 ![icon]，弹出"检查结果"对话框，如图 5.52 所示，单击确定。表明草图是闭合的可以进行后续操作。

(8) 单击 ![icon] 按钮，退出草图状态。按 F8 键，把显示状态切换到轴侧图状态下，如图 5.53 所示。

图 5.49　绘制矩形草图

图 5.50　绘制 R30 半圆形草图

图 5.51　整理草图

图 5.52　草图环检查

图 5.53　草图轴测显示

(9) 单击 ![icon] 按钮，弹出"拉伸增料"对话框。输入"深度"值 50，如图 5.54 所示，选择草图，单击确定按钮，生成鼠标基本体，如图 5.55 所示。

(10) 单击 ![icon] 按钮，弹出"过渡"对话框。输入半径值 12。选择需要过渡的元素：单击实体左面的两条竖边，两条边显示成红色，单击确定按钮，过渡完成，如图 5.56 所示。

(11) 单击 ![icon] 按钮，按住鼠标左键旋转实体，直到可以看到实体底面。

(12) 单击 ![icon] 按钮，弹出拔模对话框。如图 5.57 所示，在对话框中输入拔模角度值 2，

图 5.54　拉伸增料参数设置　　　　　图 5.55　拉伸增料实体

用鼠标单击中立面下面的输入框,然后在绘图区单击实体底面。单击拔模面下面的输入框,并在绘图区内点取实体两个侧面,此时出现拔模方向箭头,选择对话框中的向里。单击确定按钮,生成 2 度的拔模斜度,如图 5.58 所示。

图 5.56　实体过渡　　　　　图 5.57　拔模参数设置　　　　　图 5.58　拔模实体

(13) 单击 按钮,在"立即菜单"中选择逼近方式。按回车键,弹出输入条,输入坐标值(-75,0,15),按回车键确认。再依次输入坐标点(-40,0,25)、(0,0,40)、(20,0,25)、(40,0,15)。输入完 5 个点后,按鼠标右键,就会生成一条曲线,如图 5.59 所示。

(14) 单击"扫描面"按钮 ,在"立即菜单"中输入起始距离值-40,扫描距离值80,角度值 0。按空格键,弹出"矢量工具"菜单,选择 Y 轴正方向,如图 5.60 所示。单击样条曲线,扫描面生成,如图 5.61 所示。

图 5.59　绘制扫描曲线　　　　　图 5.60　扫描方向选择　　　　　图 5.61　生成扫描曲面

(15) 单击 按钮,弹出曲面裁剪除料对话框,如图 5.62 所示。拾取曲面,会显示出一个向下的箭头,用鼠标单击对话框中的"除料方向选择",把箭头切换成向上,如图 5.63 所示。单击确定按钮,曲面裁剪完成。

(16) 单击 按钮,删除曲面和曲线,结果如图 5.64 所示。

(17) 单击 按钮,弹出过渡对话框。输入半径值 3,拾取顶部边界 4 条曲线,单击确定按钮,过渡完成。鼠标模型生成如图 5.65 所示。

图 5.62　曲面裁剪除料设置

图 5.63　曲面裁剪除料方向选择

图 5.64　鼠标实体

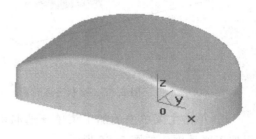
图 5.65　鼠标实体过渡

四、仿真加工

1. 加工前的准备工作

（1）设定加工刀具

① 在特征树加工管理区内选择刀具库命令，弹出刀具库管理对话框。增加铣刀，单击增加刀具按钮，在对话框中输入铣刀名称"D10，r3"，增加一个粗加工需要的铣刀。在对话框中输入铣刀名称"D10，r0"，增加一个精加工需要的铣刀。

② 设定增加的铣刀的参数。在刀具库管理对话框中键入正确的数值，刀具定义即可完成。其中的刀刃长度和刃杆长度与仿真有关而与实际加工无关，在实际加工中要正确选择吃刀量和吃刀深度，以免刀具损坏。

（2）后置设置　用户可以增加当前使用的机床，给出机床名，定义适合自己机床的后置格式。系统默认的格式为 FANUC 系统的格式。

① 选择加工→后置处理→后置设置命令，弹出后置设置对话框。

② 增加机床设置。选择当前机床类型。

③ 后置处理设置。打开"后置设置"选项卡，根据当前的机床，设置各参数。

（3）设定加工范围　此例的加工范围直接拾取曲面造型上的轮廓线即可。

2. 鼠标常规加工

鼠标的整体形状较为平坦，因此整体加工时应该选择区域式粗加工，精加工时应采用参数线加工。

（1）区域式粗加工刀具轨迹生成

① 按 F5 键，在 XOY 平面内绘图。选择造型→曲线生成→矩形命令。在绘图区左边弹出下拉列表框及文本框。以（−20，0）为中心，确定该 120×85 矩形作为平面轮廓方式加工的零件轮廓，如图 5.66 所示。

② 选择加工→定义毛坯命令，或者选择特征树加工管理区的"毛坯"。弹出定义毛坯对

话框。在毛坯定义中定义毛坯参数如图5.67所示。

图5.66 绘制毛坯轮廓　　　　　　　　图5.67 定义毛坯参数设置

③ 单击主菜单中的加工菜单→选取粗加工菜单→选取区域式粗加工→系统弹出区域式粗加工对话框，如图5.68所示。

图5.68 区域式粗加工参数设置

④ 设置切削用量。设置加工参数选项卡中的铣削方式为顺铣，切削模式设定为环切，根据选择刀具直径为10mm，选择Z切入中层高为5（该项为轴向切深），XY切入中行距为0.5（该项为径向切深），加工余量为0.5。在切削用量选项卡中设置主轴转速为420，切削速度为100，如图5.68所示。

⑤ 填写完参数表后，单击确认按钮，系统提示拾取轮廓，鼠标单击矩形轮廓线。

⑥ 选择轮廓线拾取方向，系统继续提示要求拾取岛屿，拾取鼠标底边线，右击鼠标，以后系统开始计算，稍后得出轨迹如图5.69所示。

图 5.69 区域式粗加工刀具轨迹

(2) 参数线加工刀具轨迹

① 单击主菜单中的加工项→精加工→参数线精加工→弹出参数线精加工对话框。设置"加工参数",如图 5.70 所示 。设置"切削用量"。设置"进退刀参数"。设置"下刀方式"。设置"铣刀参数"。

② 单击确定按钮→拾取鼠标上曲面→右击→拾取长方体上表面的一个角点作为进刀点→右击(走刀方向正确)→右击(加工曲面的方向正确)→右击(没有干涉曲面),生成的刀具轨迹如图 5.71 所示。

图 5.70 参数线加工参数设置

图 5.71 参数线加工刀具轨迹

(3) 轨迹仿真

① 单击编辑→可见,显示所有已经生成的加工轨迹。然后拾取加工轨迹,单击确认按钮。或者在特征树加工管理区的粗加工刀具轨迹上右击,在弹出的快捷菜单中选择显示。

② 选择加工→轨迹仿真命令,或者在特征树加工管理区空白处右击,在弹出的快捷菜单中选择加工→轨迹仿真,拾取粗加工/精加工的刀具轨迹,右击结束,系统进入加工仿真界面。

③ 单击仿真加工按钮 ,在弹出的界面中设置好参数后单击仿真开始按钮,系统进入仿真加工状态。

仿真结束后,仿真结果如图 5.72、图 5.73 所示。

图 5.72 区域式粗加工刀具轨迹仿真

(4) 生成 G 代码

① 选择加工→后置处理→生成 G 代码命令,弹出选择后置文件对话框,填写加工代码文件名"鼠标加工",单击保存按钮。

图 5.73 参数线加工刀具轨迹仿真

② 拾取生成的粗加工的刀具轨迹,右击确认,将弹出的粗加工代码文件保存即可,如图 5.74 所示。

用同样的方法生成精加工 G 代码。

五、知识拓展

参数线精加工:生成沿参数线加工轨迹。

1. 参数表说明

点取 "加工"→"精加工"→"参数线精加工"菜单项,弹出对话框。

(1) 切入切出方式

不设定:不使用切入切出。

直线:沿直线垂直切入切出。

图 5.74 鼠标粗加工 G 代码

长度:直线切入切出的长度。

圆弧:沿圆弧切入切出。

半径:圆弧切入切出的半径。

矢量:沿矢量指定的方向和长度切入切出。

xyz:矢量的三个分量。

强制:强制从指定点直线水平切入到切削点,或强制从切削点直线水平切出到指定点

xy:在与切削点相同高度的指定点的水平位置分量。

(2) 行距定义方式

残留高度:切削行间残留量距加工曲面的最大距离。

刀次:切削行的数目。

行距:相邻切削行的间隔。

(3) 遇干涉面

抬刀:通过抬刀,快速移动,下刀完成相邻切削行间的连接。

投影:在需要连接的相邻切削行间生成切削轨迹,通过切削移动来完成连接。

(4) 限制面

限制加工曲面范围的边界面，作用类似于加工边界，通过定义第一和第二系列限制面可以将加工轨迹限制在一定的加工区域内。

第一系列限制面：定义是否使用第一系列限制面。

无：不使用第一系列限制面。

有：使用第一系列限制面。

第二系列限制面：定义是否使用第二系列限制面。

无：不使用第一系列限制面。

有：使用第一系列限制面。

(5) 走刀方式

往复：生成往复的加工轨迹。

单向：生成单向的加工轨迹。

(6) 干涉检查

定义是否使用干涉检查，防止过切。

否：不使用干涉检查。

是：使用干涉检查。

(7) 加工精度等

加工精度：输入模型的加工精度。计算模型轨迹的误差小于此值。加工精度越大，模型形状的误差也增大，模型表面越粗糙。加工精度越小，模型形状的误差也减小，模型表面越光滑，但是，轨迹段的数目增多，轨迹数据量变大。

加工余量：相对模型表面的残留高度，可以为负值，但不要超过刀角半径。

干涉（限制）余量：处理干涉面或限制面时采用的加工余量。

(8) 加工坐标系

生成轨迹所在的局部坐标系，单击加工坐标系按钮可以从工作区中拾取。

(9) 起始点

刀具的初始位置和沿某轨迹走刀结束后的停留位置，单击起始点按钮可以从工作区中拾取。

2. 具体操作步骤

(1) 填写参数表。填写完成后按"确定"或"悬挂"按钮。

(2) 系统提示"拾取加工对象"。拾取曲面，拾取的曲面参数线方向要一致。按鼠标右键结束拾取。

(3) 系统提示"拾取进刀点"。拾取曲面角点。

(4) 系统提示"切换方向"。按鼠标左键切换加工方向，按鼠标右键结束。

(5) 系统提示"改变曲面方向"。拾取要改变方向的曲面，按鼠标右键结束。

(6) 系统提示"拾取干涉曲面"。拾取曲面，按鼠标右键结束。

(7) 系统提示"正在计算轨迹，请稍候"。轨迹计算完成后，在屏幕上出现加工轨迹。

思考与练习

完成鼠标型腔凹模的造型，并生成加工轨迹。图中未注圆角半径均为10。型腔底面样条线4个型值点的坐标为（-30, 0, 25）、（20, 0, 10）、（40, 0, 15）和（70, 0, 20），如图5.75所示。

图 5.75 鼠标型腔凹模尺寸图

任务7 五角星造型与加工

一、任务导入

绘制如图 5.76 所示五角星的实体造型,并生成加工轨迹。

二、任务分析

由图 5.76 可知五角星的形状主要是由多个空间面组成的,因此在构造实体时首先应使用空间曲线构造实体的空间线架,然后利用直纹面生成曲面,可以逐个生成也可以将生成的一个角的曲面进行圆形均步阵列,最终生成所有的曲面。最后使用曲面裁剪实体的方法生成实体,完成造型。

三、造型步骤

(1) 根据图 5.76 五角星零件尺寸图,完成其曲面造型,如图 5.77 所示,共有 11 个曲面,如图 5.78 所示,具体作图过程省(可参阅项目 3 曲面造型中的任务 8 五角星曲面造型)。

(2) 选择 XY 面为基准平面,在草图状态下,绘制 R60 的圆图形。草图编辑完成后,退出草图状态,然后通过拉伸增料特征造型生成高 30 的圆柱体,如图 5.79 所示。

(3) 单击特征工具栏上的曲面裁剪除料按钮 ,用鼠标拾取已有的各个曲面,并且选择除料方向,如图 5.80 所示,单击确定按钮完成。

(4) 单击并选择编辑→隐藏,用鼠标从右向左框选实体(用鼠标单个拾取曲面),单击右键确认,实体上的曲面就被隐藏了。

图 5.76　五角星零件尺寸图

图 5.77　五角星曲面模型

图 5.78　11 个五角星曲面

图 5.79　圆柱实体

图 5.80　五角星曲面混合实体

四、仿真加工

1. 加工前的准备工作

（1）设定加工刀具。

在特征树加工管理区内选择"刀具库"命令，弹出刀具库管理对话框。

① 增加铣刀。单击增加刀具按钮，在对话框中输入铣刀名称"D10，r3"，增加一个粗加工需要的铣刀；在对话框中输入铣刀名称"D10，r0"，增加一个精加工需要的铣刀。

一般都是以铣刀的直径和刀角半径来表示，刀具名称尽量和工厂中用刀的习惯一致。刀具名称一般表示形式为"D10，r3"，D 代表刀具直径，r 代表刀角半径。

② 设定增加的铣刀的参数。在刀具库管理对话框中键入正确的数值，刀具定义即可完成。其中的刀刃长度和刃杆长度与仿真有关而与实际加工无关，在实际加工中要正确选择吃刀量和吃刀深度，以免刀具损坏。

（2）后置设置。

用户可以增加当前使用的机床，给出机床名，定义适合自己机床的后置格式。系统默认的格式为 FANUC 系统的格式。

① 选择加工→后置处理→后置设置命令，弹出后置设置对话框。
② 增加机床设置。选择当前机床类型。
③ 后置处理设置。打开后置处理选项卡，根据当前的机床，设置各参数。
（3）设定加工范围。此例的加工范围直接拾取实体造型上的圆柱体的轮廓线即可。

2．等高线粗加工刀具轨迹

（1）单击主菜单中的加工项→毛坯→弹出定义毛坯对话框，采用"参照模型"方式定义毛坯；

（2）单击主菜单中的加工项→粗加工→等高线粗加工→弹出等高线粗加工对话框；

（3）设置"等高线粗加工参数"；设置"切削用量"；设置"进退刀参数"；设置"下刀方式"，安全高度设为 50；设置"铣刀参数"；设置"加工边界"，Z 设定最大为 30；

（4）单击确定按钮→拾取五角星→圆柱体轮廓线→拾取轮廓搜索方向箭头→右击，生成的刀具轨迹如图 5.81 所示。

单步显示刀具轨迹仿真，如图 5.82 所示。

图 5.81 等高线粗加工刀具轨迹

图 5.82 等高线粗加工刀具轨迹仿真

图 5.83 等高线精加工刀具轨迹

3. 等高线精加工

（1）单击主菜单中的加工项→毛坯→弹出定义毛坯对话框，采用"参照模型"方式定义的毛坯；

（2）单击主菜单中的加工项→精加工→等高线精加工→弹出等高线精加工对话框；

（3）设置"加工参数"；设置"切削用量"；设置"进退刀参数"；设置"下刀方式"；设置"铣刀参数"；设置"加工边界"；

（4）单击确定按钮→拾取加工曲面→拾取加工边界→右击，生成的刀具轨迹如图 5.83 所示。

单步显示刀具轨迹仿真，如图 5.84 所示。

图 5.84 等高线精加工刀具轨迹仿真

4. 区域式补加工

（1）单击主菜单中的加工项→毛坯→弹出定义毛坯对话框，采用"参考模型"方式定义毛坯；

（2）单击主菜单中的加工项→补加工→等高线补加工→弹出区域式补加工对话框；

（3）设置"加工参数"；设置"切削用量"；设置"进退刀参数"；设置"下刀方式"；设置"铣刀参数"；

（4）单击确定按钮→拾取加工对象→右击→拾取轮廓边界→右击，生成的刀具轨迹如图 5.85 所示。单步显示刀具轨迹仿真，如图 5.86 所示。仿真检验无误后，可保存粗、精加工轨迹。

5. 生成 G 代码

（1）单击加工→后置处理→生成 G 代码，在弹出的选择后置文件对话框中给定要生成的 NC 代码文件名（五角星.cut）及其存储路径，单击确定按钮退出。

（2）分别拾取粗加工轨迹、精加工轨迹和补加工轨迹，按右键确定，生成加工 G 代码。

图 5.85 区域式补加工刀具轨迹

图 5.86 区域式补加工刀具轨迹仿真

五、知识拓展

等高线补加工：生成等高线补加工轨迹。

1. 参数表说明

点取"加工"→"补加工"→"等高线补加工"菜单项，弹出对话框。

(1) Z向　Z向切削设定有以下两种定义方式。

层高：Z向每加工层的切削深度。

残留高度：系统会根据输入的残留高度的大小计算 Z 向层高。

最大层间距：输入最大 Z 向切削深度。根据残留高度值在求得 Z 向的层高时，为防止在加工较陡斜面时可能层高过大，限制层高在最大层间距的设定值之下。

最小层间距：输入最小 Z 向切削深度。根据残留高度值在求得 Z 向的层高时，为防止在加工较平坦面时可能层高过小，限制层高在最小层间距的设定值之上。

(2) XY 向

行距：XY 方向的相邻扫描行的距离。

残留高度：相邻切削行轨迹间残余量的高度。当指定残留高度时，会提示行距的大小。

开放周回（快速移动）：在开放形状中，以快速移动进行抬刀。

开放周回（切削移动）：在开放形状中，生成切削移动轨迹。

封闭周回：在开放形状中，生成封闭的周回轨迹。

（3）执行平坦部识别　自动识别模型的平坦区域，选择是否根据该区域所在高度生成轨迹。再计算从平坦部分开始的等间距，设定是否根据平坦部区域所在高度重新度量 Z 向层高，生成轨迹。选择不再计算时，在 Z 向层高的路径间，插入平坦部分的轨迹。

平坦部面积系数：根据输入的平坦部面积系数（刀具截面积系数），设定是否在平坦部生成轨迹。比较刀具的截面积和平坦部分的面积，满足下列条件时，生成平坦部轨迹。

平坦部分面积＞刀具截面积×平坦部面积系数（刀具截面积系数）

同高度容许误差系数（Z 向层高系数）：同一高度的容许误差量（高度量）＝Z 向层高×同高度容许误差系数（Z 向层高系数）。

（4）加工顺序　设定补加工轨迹连接的优先方向。

Z 向优先：在补加工轨迹中，先由上往下加工同一区域的残余量，然后再移动至下一个区域进行加工。

XY 向优先：同一高度的补加工轨迹先加工，然后再加工下一层高度的补加工轨迹。

拐角半径：在拐角部分加上圆弧。

（5）添加拐角半径　设定在拐角部分插补圆弧，高速切削时减速转向，防止拐角处的过切。

刀具直径百分比：指定插补圆弧拐角半径相对于刀具直径的百分比。例，刀具直径百分比为 20，刀具直径为 50 的话，插补的拐角半径＝50×20％＝10。

半径：指定插补圆弧的最大拐角半径。

（6）加工条件

最大连接距离：输入多个补加工区域通过正常切削移动速度连接的距离。最大连接距离＞补加工区域切削间隔距离时，以切削移动连接。最大连接距离＜加工区域切削间隔距离时，抬刀后快速移动连接。

2．具体操作步骤

（1）填写参数表。填写完成后按"确定"或"悬挂"按钮。

（2）系统提示"拾取加工对象"。拾取要加工的模型。

（3）系统提示"拾取加工边界"。拾取封闭的加工边界曲线，或者直接按鼠标右键不拾取边界曲线。

（4）系统提示"正在计算轨迹，请稍候"。轨迹计算完成后，在屏幕上出现加工轨迹。

思考与练习

1．按下列某五角星模型图尺寸编制 CAM 加工程序，已知毛坯零件尺寸为 110×110×40，五角星原高 15，五角星外接圆半径为 $R40$，如图 5.87 所示。

要求：（1）合理安排加工工艺路线和建立加工坐标系。

（2）应用适当的加工方法编制完整的 CAM 加工程序，后置处理格式按 FAUNC 系统要求生成。

2．根据图 5.88 所示，绘制五角星的轴测图，并生成加工轨迹。

图 5.87 五角星模型尺寸图

图 5.88 五角星零件尺寸图

任务 8　香皂模型造型与加工

一、任务导入

按下列某香皂模型图尺寸造型并编制 CAM 加工程序，过渡半径为 15，如图 5.89 所示。

香皂模型的毛坯尺寸为：100mm×80mm×25mm，材料为铝材。

(1) 直径为 $\phi 8$ mm 的端铣刀做等高线粗加工。

(2) 直径为 $\phi 10$mm，圆角为 $R2$ 的圆角铣刀做等高线精加工。

(3) 用直径为 $\phi 0.2$ mm 的雕刻铣刀做扫描线精加工文字图案。

二、任务分析

香皂的造型可通过拉伸、变半径过渡、裁剪、布尔运算等实体特征及放样面的生成的方法完成。香皂模型周围为曲面，可以用等高线粗加工、等高线精加工完成加工，上面较平坦面用扫描线精加工完成加工。

图 5.89 香皂模型尺寸图

三、造型步骤

1. 香皂模型的造型

(1) 在零件特征中 XY 平面，单击"绘制草图"按钮 ⌖，进入草图绘制状态，绘制草图。

(2) 单击特征工具栏上的"拉伸增料"按钮 ⌖，在固定深度对话框中输入深度=15，并确定。结果如图 5.90 所示。

图 5.90 拉伸增料实体

(3) 单击特征工具栏的"过渡"按钮 ⌖，选择变半径、光滑变化，拾取上表面所有棱线，过渡半径为 15，并确定，结果如图 5.91 所示。

图 5.91 实体过渡

项目5 数控铣削编程与仿真加工

(4) 按 F5 键，单击"直线" 按钮，作一直线过 $R18$ 和 $R75$ 交点，如图 5.92 所示。

单击"扫描面" 按钮，输入起始距离 −20，扫描距离 40，扫描 Z 轴正方向，拾取直线，作出扫描面，如图 5.93 所示。

图 5.92 绘制直线

图 5.93 绘制扫描线

(5) 单击"曲面裁剪除料" 按钮，拾取扫描面，如图 5.94 所示。确定后隐藏直线和扫描面。

图 5.94 曲面裁剪

(6) 单击"相关线" 按钮，选择实体边界，拾取实体边界确定，结果如图 5.95 所示。

(7) 单击"曲线组合" 按钮，选择删除原曲线，拾取实体边界线组合成一条曲线后，将特征树中的裁剪特征删除，结果如图 5.96 所示。

(8) 用同样的方法作出香皂中间和右侧的另外两条曲线如图 5.97 所示。

(9) 单击"放样面" 按钮，选择单截面线，依次拾取三条曲线，生成放样面如图 5.98 所示。

图 5.95 曲面裁剪除料实体

图 5.96 绘制放样曲线

图 5.97 绘制多条放样曲线

图 5.98 生成放样面

(10) 单击"等距面" 按钮,选择放样面,等距距离为 1,方向朝下。

(11) 单击"消隐显示" 按钮,单击香皂上平面,按 F2 键,进入草图状态,绘制草图,单击"A 文字" **A** 按钮,弹出图 5.99(a)对话框,输入字体。

(12) 单击特征工具栏的"拉伸除料"按钮 ,选择拉伸到面,拾取等距面并确定,隐藏扫描面,单击"真实感显示" 按钮,结果如图 5.99(b)所示。

2. 香皂模型的加工

香皂模型的毛坯尺寸为:100mm×80mm×25mm,材料为铝材。零件整体形状平坦,非常适合采用等高线粗加工和等高线精加工完成加工。零件的底部中心为坐标原点,因零件的最高点 Z 坐标为 15,所以安全高度设为 50,起始点坐标为(0,0,50)。

项目5 数控铣削编程与仿真加工

(a)　　　　　　　　　　　　　(b)

图 5.99　拉伸除料实体

(1) 定义毛坯　点击"定义毛坯"菜单或图标，定义毛坯的尺寸和位置，如图 5.100 所示。毛坯显示如图 5.101 所示。

(2) 等高线粗加工

点击菜单项：加工→粗加工→等高线粗加工，或点击图标 ，弹出对话框，填写参数如图 5.102 和图 5.103 所示。切入切出方式选择不设定，选择整个实体为加工对象，刀具轨迹如图 5.104 所示。

(3) 等高线精加工

点击菜单项：加工→精加工→等高线精加工，或点击图标 ，弹出对话框，填写参数。切入切出方式选择不设定，选择整个实体为加工对象，刀具轨迹及仿真结果如图 5.105 和图 5.106 所示。

图 5.100　定义毛坯参数设置

图 5.101　毛坯模型

图 5.102 等高线粗加工参数设置　　图 5.103 等高线粗加工加工边界设置

图 5.104 等高线粗加工刀具轨迹

（4）扫描线精加工

点击菜单项：加工→精加工→扫描线精加工，或点击图标，弹出对话框，填写参数，刀具加工边界选择在边界上，选择花纹所在曲面为加工对象，拾取花纹边界为加工边界，刀具轨迹如图 5.107 所示。

图 5.105 等高线精加工刀具轨迹

图 5.106 等高线精加工刀具轨迹仿真

图 5.107 扫描线精加工刀具轨迹

四、知识拓展

等高线加工方法可以用加工范围和高度限定进行局部等高加工。可以自动在轨迹尖角拐角处增加圆弧过渡，保证轨迹的光滑，使生成的加工轨迹适用于高速加工。还可以通过输入角度控制对平坦区域的识别，并可以控制平坦区域的加工先后次序。基于等高线加工的诸多优点，使用者在使用时，应该优先考虑这种加工方式。

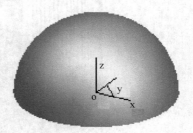

图 5.108 球体模型

平坦面是个相对概念，因此，应给定一角度值来区分平坦面或陡峭面，即给定平坦面的"最小倾斜角度"。在指定值以下的面被认为是平坦部，不生成等高线路径，而生成扫描线路径。

例如用等高线精加工 $S\phi80$ 球体上表面。

（1）按实例要求进行实体造型，如图 5.108 所示。

（2）单击主菜单中的加工项→毛坯→弹出定义毛坯对话框，采用"参照模型"方式定义毛坯。

（3）单击主菜单中的加工项→精加工→等高线精加工→弹出等高线精加工对话框。

（4）设置"加工参数"。设置"切削用量"。设置"进退刀参数"。设置"下刀方式"。设置"铣刀参数"。设置"加工边界"。

图 5.109 等高线精加工刀具轨迹

（5）单击确定按钮→拾取加工曲面→拾取加工边界→右击，生成的刀具轨迹如图 5.109 所示。

思考与练习

按下列模型图尺寸造型并编制外轮廓 CAM 加工程序，如图 5.110 所示。

图 5.110 轮廓加工模型尺寸图

任务 9　可乐瓶底造型和加工

一、任务导入

按下列可乐瓶底曲面模型尺寸造型并编制加工程序，如图 5.111 所示。可乐瓶底曲面造型和凹模型腔造型，如图 5.112 所示。

图 5.111　可乐瓶底曲面模型尺寸图

图 5.112　可乐瓶底曲面造型和凹模型腔造型

二、任务分析

如图 5.111 所示,可乐瓶底的表面主要由曲面构成,造型比较复杂。由于直接用实体造型不能完成,所以先利用 CAXA 制造工程师强大的曲面造型功能做出曲面,再利用曲面裁剪除料生成凹模型腔。可乐瓶底的侧表面可以用网格面来生成,因为是由五个完全相同的部分组成的,只要作出一个突起的两根截面线和一个凹进的一根截面线,然后进行环形阵列就可以得到其他几个突起和凹进的所有截面线,最后使用网格面功能生成曲面。可乐瓶底的最下面的平面使用直纹面中的"点+曲线"方式来做,这样做的好处是在做加工时两张面(直纹面和网格面)可以一同用参数线加工。最后以瓶底的上口为准,构造一个立方体实体,然后用可乐瓶底的两张面把不需要的部分裁剪掉,就可以得到要求的凹模型腔实体。

三、造型加工步骤

1. 凹模型腔的造型

(1) 按下"F7"键将绘图平面切换到 XOZ 平面。

(2) 单击"矩形"按钮 ▭,在立即菜单中选择"中心 _ 长 _ 宽"方式,输入长度 42.5,宽度 37,输入(21.25,0,-10.5)为中心点,绘制一个 42.5×37 的矩形,如图 5.113 所示。

(3) 单击"等距线"按钮,在立即菜单中输入距离 3,拾取矩形的最上面一条边,选择向下箭头为等距方向,生成距离为 3 的等距线。相同的等距方法,生成如图 5.114 所示尺寸标注的各个等距线。

图 5.113 矩形图

图 5.114 等距线

(4) 单击"裁剪"按钮,拾取需要裁剪的线段,然后单击"删除"按钮,拾取需要删除的直线,按右键确认删除,结果如图 5.115 所示。

(5) 作过 P1、P2 点且与直线 L1 相切的圆弧。单击"圆弧"按钮,选择"两点 _ 半径"方式,拾取 P1 点和 P2 点,然后按空格键在弹出的点工具菜单中选择"切点"命令,拾取直线 L1。

(6) 作过 P4 点且与直线 L2 相切,半径为 10 的圆 R10。单击"整圆"按钮,拾取直线 L2,切换点工具为"缺省点"命令,然后拾取 P4 点,按回车键输入半径 10。

(7) 作过直线端点 P3 和圆 R10 的切点的直线。单击"直线"按钮 ╱，拾取 P3 点，切换点工具菜单为"切点"命令，拾取圆 R10 上一点，得到切点 P5，结果如图 5.116 所示。

图 5.115　删除结果

图 5.116　基本过程 1

(8) 作与圆 R10 相切过点 P5，半径为 10 的圆 C1。单击"整圆"按钮 ⊕，选择"两点_半径"方式，切换点工具为"切点"命令，拾取 R10 圆。切换点工具为"端点"，拾取 P5 点。按回车键输入半径 10。

(9) 作与圆弧 C4 相切，过直线 L3 与圆弧 C4 的交点，半径为 10 的圆 C2。单击"整圆"按钮 ⊕，选择"两点_半径"方式，切换点工具为"切点"命令，拾取圆弧 C4。切换点工具为"交点"命令，拾取 L3 和 C4 得到它们的交点。按回车键输入半径 10。

(10) 作与圆 C1 和 C2 相切，半径为 50 的圆弧 C3。单击"圆弧"按钮 ╱，选择"两点_半径"方式，切换点工具为"切点"命令，拾取圆 C1 和 C2，按回车键输入半径 50。结果如图 5.117 所示。

(11) 单击"移动"按钮，选择"拷贝"方式，复制一条圆弧 C4。在圆弧 C4 上单击鼠标右键选择"隐藏"命令，将一条隐藏。

(12) 单击"裁剪"按钮 和"删除"按钮 ⊘，去掉不需要的部分。结果如图 5.118 所示。

(13) 按下 F5 键将绘图平面切换到 XOY 平面，然后再按 F8 键显示其轴侧图。

(14) 单击"平面旋转"按钮，在立即菜单中选择"拷贝"方式，输入角度 41.10°，拾取坐标原点为旋转中心点，然后框选所有线段，单击右键确认，结果如图 5.119 所示。

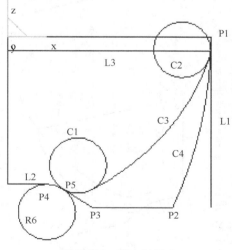

图 5.117　基本过程 2

(15) 单击"删除"按钮 ⊘，删掉不需要的部分。按下 Shift＋方向键旋转视图，观察生成的第一条截面线。单击"曲线组合"按钮，拾取截面线，选择方向，将其组合为一条样条曲线。结果如图 5.120 所示。

图 5.118 基本过程 3

图 5.119 基本过程 4

图 5.120 第一条截面线

(16) 按 F7 键将绘图平面切换到 XOZ 面内。单击"线面可见"按钮 ![icon]，显示前面隐藏掉的圆弧 C4，并拾取确认。然后拾取第一条截面线单击右键选择"隐藏"命令，将其隐藏掉。结果如图 5.121 所示。

图 5.121 基本过程 5

（17）单击"删除"按钮 ⌀，删掉不需要的线段。单击"曲线过渡"按钮 ⌐，选择"圆弧过渡"方式，半径为 10，对 P2、P3 两处进行过渡。

（18）单击"曲线组合"按钮 ⌐，拾取第二条截面线，选择方向，将其组合为一样条曲线。结果如图 5.122 所示。

（19）按下 F5 键将绘图平面切换到 *XOY* 平面，然后再按 F8 键显示其轴侧图。

（20）单击"整圆"按钮 ⊕，选择"圆心_半径"方式，以 *Z* 轴方向的直线两端点为圆心，拾取截面线的两端点为半径，绘制如图 5.123 所示的两个圆。

（21）删除两条直线。单击"线面可见"按钮 ⌀，显示前面隐藏的第一条截面线。

图 5.122 第二条截面线

（22）单击曲面编辑工具栏中的"平面旋转"按钮 ⌀，在立即菜单中选择"拷贝"方式，输入角度 11.2°，拾取坐标原点为旋转中心点，拾取第二条截面线，单击右键确认。结果如图 5.123。

图 5.123 部分截面线

（23）单击"阵列"按钮 ⌀，选择"圆形"阵列方式，份数为 5，拾取三条截面线，单击鼠标右键确认，拾取原点（0，0，0）为阵列中心，按鼠标右键确认，立刻得到如图 5.124 所示结果。

（24）按 F5 键进入俯视图，单击曲面工具栏中的"网格面" ⌀ 按钮，依次拾取 U 截面线共 2 条，按鼠标右键确认。再依次拾取 V 截面线共 15 条，如图 5.125 所示。按右键确认，稍等片刻曲面生成。结果如图 5.126 所示。

图 5.124　阵列生成全部截面线　　　　　图 5.125　拾取截面线

（25）底部中心部分曲面可以用两种方法来作：裁剪平面和直纹面（点＋曲线）。这里用直纹面"点＋曲线"来做，这样的好处是在做加工时，两张面（网格面和直纹面）可以一同用参数线来加工，而面裁剪平面不能与非裁剪平面一起来加工。

单击曲面工具栏中的"直纹面"按钮 ，选择"点＋曲线"方式。

（26）按空格键在弹出的点工具菜单中选择"圆心"命令，拾取底部圆，先得到圆心点，再拾取圆，直纹面立即生成，结果如图 5.127 所示。

图 5.126　网格面生成　　　　　　　　图 5.127　直纹面生成

（27）选择"设置"→"拾取过滤设置"命令，取消图形元素的类型中的"空间曲面"项。然后选择"编辑"→"隐藏"命令，框选所有曲线，按右键确认，就可以将线框全部隐藏掉。

（28）在 CAXA 制造工程师中利用"曲面裁剪除料"是使实体获得曲面表面的重要方法。先以瓶底的上口为基准面，构造一个立方体实体，然后用可乐瓶底的两张面（网格面和直纹面）把不需要的部分裁剪掉，得到要求的凹模型腔。

单击特征树中的"平面 XOY"，选定平面 XOY 为绘图的基准面。单击"绘制草图"按钮 ，进入草图状态，在选定的基准面 XOY 面上绘制草图。

（29）单击曲线工具栏中的"矩形"按钮 ，选择"中心_长_宽"方式，输入长度 120，宽度 120，拾取坐标原点（0,0,0）为中心，得到一个 120×120 的正方形，如图 5.128 所示。

(30) 单击特征生成工具栏中的"拉伸"按钮 ,在弹出的"拉伸"对话框中,输入深度为 50,选中"反向拉伸"复选框,单击"确定"得到立方实体。

(31) 选择"设置"→"拾取过滤设置"命令,在弹出的对话框中的"拾取时的导航加亮设置"项选中"加亮空间曲面",这样当鼠标移到曲面上时,曲面的边缘会被加亮。同时为了更加方便拾取,单击"显示线架"按钮 ,退出真实感显示,进入线架显示,可以直接点取曲面的网格线,结果如图 5.129 所示。

图 5.128 绘制草图

图 5.129 曲面裁剪除料

(32) 单击特征生成工具栏中的"曲面裁剪除料"按钮 ,拾取可乐瓶底的两个曲面,选中对话框中"除料方向选择"复选框,切换除料方向为向里,以便得到正确的结果。

(33) 单击"确定",曲面除料完成。选择"编辑"→"隐藏"命令,拾取两个曲面将其隐藏掉。然后单击"真实感显示"按钮 ,造型结果如图 5.130 所示。

2.可乐瓶底凹模型腔加工

因为可乐瓶底凹模型腔的整体形状较为陡峭,所以粗加工采用等高线粗加工方式。然后采用参数线精加工方式对凹模型腔中间曲面进行精加工。

(1) 加工前的准备工作

① 设定加工毛坯。选择"加工"→"定义毛坯"命令,弹出"定义毛坯"对话框。选择"参照模型",单击"确定"按钮,完成毛坯的定义。

② 后置设置。用户可以增加当前使用的机床,给出机床名,定义适合自己机床的后置格式。系统默认的格式为 FANUC 系统的格式。

图 5.130 凹模型腔

选择"加工"→"后置处理"→"后置设置"命令,弹出"机床后置"对话框,如图5.131所示。增加机床设置。选择当前机床类型。选择"后置设置"标签,根据当前的机床,设置各参数,如图5.132所示。

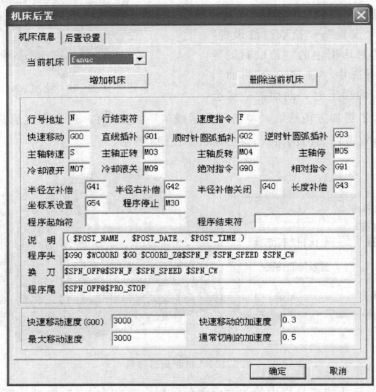

图 5.131 机床后置对话框

(2) 等高线粗加工 选择"加工"→"粗加工"→"等高线粗加工"或单击"等高线粗加工"按钮 ,弹出"等高线粗加工"对话框。

① 按表5.2所示设置各项参数。

表 5.2 等高线粗加工参数表

加工参数		切削用量	
加工方向	顺铣	主轴转速	1500
层高	3	慢速下刀速度	50
行距	3	切入切出连接速度	800
切削模式	环切	切削速度	400
行间连接方式	直线	退刀速度	1000
加工顺序	Z优先	下刀方式	
加工精度	0.1	安全高度	20
加工余量	0.8	慢速下刀距离	15
区域切削类型	抬刀切削混合	退刀距离	15
起始点坐标	$X=0, Y=0, Z=100$	切入方式	垂直
毛坯类型	参照模型	刀具参数	
零件类型	模具型腔	刀具名	R5球铣刀
其他参数	不设定	刀具半径	5
加工边界		刀角半径	5
最小最大	−50/0		

图 5.132 机床后置设置对话框

如果刀具库没有要选择的刀具,可以单击"增加刀具"按钮,弹出"刀具定义"对话框,输入刀具名称,设定增加的刀具的参数。键入正确的数值,刀具定义即可完成。

刀具名称一般都是以铣刀的直径和刀角半径来表示,刀具名称尽量和工厂中用刀的习惯一致。刀具名称一般表示形式为"D20,r5",D 代表刀具直径,r 代表刀角半径。

刀具的参数要与实际的相同,其中的刀刃长度与仿真有关而与实际加工无关。

② 根据左下方的提示拾取曲面、拾取轮廓。按右键确认以后系统开始计算,稍候,得出轨迹如图 5.133 所示。

③ 拾取粗加工刀具轨迹,单击右键选择"隐藏"命令,将粗加工轨迹隐藏掉,以便观察下面的精加工轨迹。

(3) 参数线精加工 本例精加工可以采用多种方式,如参数线、等高线+等高线补加工等。下面仅以参数线加工为例介绍软件的使用方法。曲面的参数线加工要求曲面有相同的走向、公共的边界,点取位置要对应。

选择"加工"→"精加工"→"参数线精加工"命令或单击按钮 ,弹出"参数线精加工"对话框。

① 按照表 5.3 中内容设置参数线精加工的加工参数。

② 根据状态栏提示拾取曲面,当把鼠标移到型腔内部时,曲面自动被加亮显示,拾取同一高度的两张曲面后,按鼠标右键确认,根据提示完成相应的工作,最后生成轨迹,如图 5.134 所示。

图 5.133 粗加工轨迹

表 5.3 参数线精加工参数表

加 工 参 数		切 削 用 量	
切入方式	不设定	主轴转速	1600
切出方式	不设定	慢速下刀速度	100
行距	3	切入切出连接速度	800
遇面干涉	抬刀	切削速度	1000
第一系列限制曲面	无	退刀速度	100
第二系列限制曲面	无	下刀方式	
加工精度	0.01	安全高度	20
加工余量	0	慢速下刀距离	15
干涉余量	0.01	退刀距离	15
起始点坐标	$X=0, Y=0, Z=100$	切入方式	垂直
毛坯类型	参照模型	刀具参数	
零件类型	模具型腔	刀具名	R5 球铣刀
其他参数	不设定	刀具半径	5
加工边界		刀角半径	5
最小/最大	$-50/0$		

(4) 轨迹仿真、检验与修改

① 单击"线面可见"按钮 ☼,显示所有已经生成的加工轨迹,然后拾取粗加工轨迹,按右键确认。

② 选择"加工"→"轨迹仿真"命令。拾取粗加工和精加工的刀具轨迹,按右键结束。

图 5.134　精加工轨迹

系统弹出"轨迹仿真"界面。

③ 单击按钮 ![icon]，系统立即将进行加工仿真，并弹出"仿真加工"对话框，如图 5.135 所示。仿真加工过程中，系统显示走刀过程，如图 5.136 所示。

④ 仿真检验无误后，单击"文件"→"保存"，保存粗加工和精加工轨迹。

图 5.135　仿真加工对话框

图 5.136　仿真加工

(5) 生成 G 代码

① 选择"加工"→"后置处理"→"生成 G 代码"命令，弹出"选择后置文件"对话框，填写加工代码文件名"可乐瓶粗加工"，单击"保存"，如图 5.137 所示。

② 拾取生成的粗加工的刀具轨迹，按右键确认，立即弹出粗加工代码文件，保存即可，如图 5.138 所示。

③ 同样方法生成精加工 G 代码，如图 5.139 所示。

图 5.137 选择后置文件对话框

图 5.138 粗加工 G 代码

四、知识拓展（参数线精加工参数）

1. 限制面

限制加工曲面范围的边界面，作用类似于加工边界，通过定义第一和第二系列限制面可以将加工轨迹限制在一定的加工区域内。

2. 走刀方式

有两种走刀方式，一种是往复走刀方式，生成往复的加工轨迹。另一种是单向走刀方

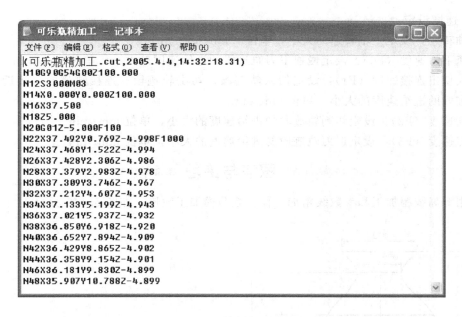

图 5.139　精加工 G 代码

式，生成单向的加工轨迹。

3. 加工精度

计算模型的轨迹的误差小于此值。加工精度越大，模型形状的误差也增大，模型表面越粗糙。加工精度越小，模型形状的误差也减小，模型表面越光滑，但是，轨迹段的数目增多，轨迹数据量变大。

4. 加工余量

相对模型表面的残留高度，可以为负值，但不要超过刀角半径。

5. 接近返回

一般地，接近指从刀具起始点快速移动后以切入方式逼近切削点的那段切入轨迹，返回指从切削点以切出方式离开切削点的那段切出轨迹。

6. 安全高度

刀具快速移动而不会与毛坯或模型发生干涉的高度，有相对与绝对两种模式，单击相对或绝对按钮可以实现二者的互换。

7. 慢速下刀距离

在切入或切削开始前的一段刀位轨迹的位置长度，这段轨迹以慢速下刀速度垂直向下进给。有相对与绝对两种模式，单击相对或绝对按钮可以实现二者的互换。

8. 退刀距离

在切出或切削结束后的一段刀位轨迹的位置长度，这段轨迹以退刀速度垂直向上进给。有相对与绝对两种模式，单击相对或绝对按钮可以实现二者的互换。

9. 切入方式

通用的切入方式，几乎适用于所有的铣削加工策略，其中的一些切削加工策略有其特殊的切入切出方式（切入切出属性页面中可以设定）。如果在切入切出属性页面里设定了特殊的切入切出方式后，此处的通用的切入方式将不会起作用。

10. 速度设定

主轴转速：设定主轴转速的大小，单位 r/min（转/分）。

慢速下刀速度（F0）：设定慢速下刀轨迹段的进给速度的大小，单位 mm/min。

切入切出连接速度（F1）：设定切入轨迹段、切出轨迹段、连接轨迹段、接近轨迹段、返回轨迹段的进给速度的大小，单位 mm/min。

切削速度（F2）：设定切削轨迹段的进给速度的大小，单位 mm/min。

退刀速度（F3）：设定退刀轨迹段的进给速度的大小，单位 mm/min。

思考与练习

应用等高线粗加工和参数线精加工作花瓶凸模加工轨迹，如图 5.140 所示。

图 5.140 花瓶凸模

任务 10　连杆造型与加工

一、任务导入

绘制连杆的轴测图，并生成加工轨迹，如图 5.141 所示。

二、任务分析

连杆的两端一般为两个用于连接的圆环形部分，中间用一个杆件将两个圆环连接起来。连杆造型可以通过拉伸增料和拉伸除料的特征造型方法完成。因此在构造实体时首先作出连接底板的实体，然后作出左右两个圆柱实体，最后作球弧曲面，完成实体造型。

图 5.141 连杆零件尺寸图

三、造型步骤

1. 作基本拉伸体

点击零件特征树的"平面 XOY"和"绘制草图"图标，使图标处于按下状态。其步骤如下。

（1）作圆"圆心_半径"：圆心（75,0,0），半径 $R=25$。

（2）作圆"圆心_半径"：圆心（−75,0,0），半径 $R=45$。

（3）作圆弧"两点_半径"：用"切点"方式，半径 $R=250$。

（4）作圆弧"两点_半径"：用"切点"方式，半径 $R=250$。

（5）单击"应用"→"线面编辑"→"曲线裁剪"或单击图标。

（6）选择无模式菜单"快速裁剪"，裁掉圆弧段，结果如图 5.142 所示。

（7）单击"绘制草图"图标，处于未按下状态，草图完成。按 F8 键在轴测图中观察。

（8）单击应用→特征生成→增料→拉伸或单击图标。

（9）在对话框中输入深度＝10，用鼠标单击增加拔模斜度前的小方框，输入拔模角度 5°。拉伸结果如图 5.143 所示。

图 5.142 绘制草图　　　　　图 5.143 拉伸实体

2. 拉伸大小凸台

（1）单击基本拉伸体的上表面和"绘制草图"图标，在草图上作圆："圆心_半径"，圆心为基本拉伸体上表面的小圆弧的圆心,半径为 $R25$。

(2) 单击"绘制草图"图标,图标处于未按下状态。

(3) 单击应用→特征生成→增料→拉伸或单击图标。在无模式对话框中输入深度=10,拔模角度=5。单击确定按钮,拉伸结果如图 5.144(a)所示。

(4) 单击基本拉伸体的上表面和"绘制草图"图标""。

(5) 作圆:"圆心半径",圆心为基本拉伸体上表面的大圆弧的圆心,半径为 $R45$(提示:圆心和圆上一点用工具菜单得到)。

(6) 单击"绘制草图"图标,图标处于未按下状态。

(7) 单击应用→特征生成→增料→拉伸或单击图标。在无模式对话框中输入深度=15,拔模角度=5。单击确定按钮。拉伸结果如图 5.144(b)所示。

3. 制作大小凸台凹坑

(1) 单击零件特征树的"平面 XZ"和"绘制草图"图标,图标处于按下状态。

(2) 作直线:直线的首点是小凸台上表面圆的端点,直线的末点是小凸台上表面圆的中点(端点和中点的拾取利用"点工具"菜单)。

(3) 将直线向上等距 5,得到另一直线。

(4) 作圆:以直线的中点为圆心,半径 $R=10$ 作圆。

(5) 删除直线:裁剪掉直线的两端和圆的上半部分,如图 5.145(a)所示。

(6) 单击"绘制草图"图标,图标处于未按下状态。

(7) 作与半圆直径完全重合的空间直线。

(8) 单击应用→特征生成→减料→旋转或单击图标。

图 5.144 拉伸凸台实体

图 5.145 小凸台凹坑造型

选取空间直线为旋转轴,单击确定按钮,删除空间直线,结果如图 5.145(b)所示。

(9) 单击零件特征树的"平面 XY"和"绘制草图"图标 ✏,图标 ✏ 处于按下状态。

(10) 作直线,直线的首点是大凸台上表面圆的端点,直线的末点是大凸台上表面圆的中点。

(11) 将直线向上等距 15,得到另一直线。

(12) 作圆:以直线的中点为圆心,半径 $R=25$ 作圆。

(13) 删除直线,裁剪掉直线的两端和圆的上半部分,如图 5.146(a)所示。

(14) 单击"绘制草图"图标 ✏,图标 ✏ 处于未按下状态。

(15) 作与半圆直径完全重合的空间直线。

(16) 单击应用→特征生成→减料→旋转或单击图标 🎛。

(17) 拾取草图和旋转轴空间直线,单击确定,删除空间直线后,结果如图 5.146(b)所示。

图 5.146 大凸台凹坑造型

4. 基本拉伸体上表面凹坑

(1) 单击基本拉伸体的上表面和"绘制草图"图标 ✏,图标 ✏ 处于按下状态。

(2) 单击应用→曲线生成→曲面相关线或图标 🔗。

(3) 选择无模式菜单实体边界,得到各边界线。

(4) 等距线生成:以等距半径 10 和 6 分别作刚生成的边界线的等距线,如图 5.147(a)所示。

(5) 单击应用→线面编辑→曲线过渡或单击图标 ⌐,在无模式菜单处输入半径 $R=6$,对等距生成的曲线作过渡。

图 5.147 凹坑草图

(6) 删除得到的各边界线，得到凹坑草图如图 5.147（b）所示。

(7) 单击"绘制草图"图标 ⧸，图标 ⧸ 处于未按下状态。

(8) 单击应用→特征生成→减料→拉伸或单击图标 ⊡。设置深度 6，角度 30°，拉伸除料结果如图 5.148 所示。

图 5.148　拉伸除料实体

(9) 单击应用→特征生成→过渡或单击图标 ⌒，弹出对话框。在无模式对话框中输入半径＝10，点取大凸台和基本拉伸体的交线，单击确定按钮，其结果如图 5.149（a）所示。

(10) 单击应用→特征生成→过渡或单击图标 ⌒，在对话框中输入半径＝4，点取小凸台和基本拉伸体的交线，单击确定按钮。

(11) 单击应用→特征生成→过渡或单击图标"⌒"，在无模式对话框中输入半径＝4，点取所有边，单击确定，结果如图 5.149（b）所示，同样过渡其他边。

图 5.149　过渡实体

四、仿真加工

1. 加工前的准备工作

（1）设定加工刀具

① 在特征树加工管理区内选择"刀具库"命令，弹出"刀具库管理"对话框。单击"增加铣刀"按钮，在对话框中输入铣刀名称。

② 设定增加的铣刀的参数。在刀具库管理对话框中键入正确的数值，刀具定义即可完成。其中的刀刃长度和刃杆长度与仿真有关而与实际加工无关，在实际加工中要正确选择吃刀量和吃刀深度，以免刀具损坏。

（2）后置设置

用户可以增加当前使用的机床，给出机床名，定义适合自己机床的后置格式。系统默认的格式为 FANUC 系统的格式。

① 选择加工→后置处理→后置设置命令，弹出后置设置对话框。

② 增加机床设置。选择当前机床类型。

③ 后置处理设置。打开"后置处理"选项卡，根据当前的机床，设置各参数。

2. 连杆常规加工

（1）设定加工毛坯　设定加工毛坯的步骤如下。

① 单击"直线"图标／，使用"两点线"，直接输入以下各点：（-135，-55）、（115，-55）、（115，55）、（-125，55）得出一个矩形，如图 5.150 所示。

② 作矩形任意一边 Z 轴方向上距离＝30 的等矩线，这样便得到毛坯"拾取两点"方式的两角点，如图 5.150 所示。

图 5.150　绘制毛坯边界线

（2）等高线粗加工刀具轨迹

① 单击主菜单中的加工项→毛坯→弹出定义毛坯对话框，采用"参照模型"方式定义毛坯。

② 单击主菜单中的加工项→粗加工→等高线粗加工→弹出等高线粗加工对话框。

③ 设置"等高线粗加工参数"。设置"切削用量"。设置"进退刀参数"。设置"下刀方式"，安全高度设为 50。设置"铣刀参数"。设置"加工边界"，Z 设定最大为 30。

④ 单击确定按钮→拾取五角星→圆柱体轮廓线→拾取轮廓搜索方向箭头→右击，生成的刀具轨迹如图 5.151 所示。

（3）参数线精加工

① 单击主菜单中的加工项→毛坯→弹出定义毛坯对话框，采用参照模型方式定义毛坯。

② 单击主菜单中加工项→精加工→参数线精加工→弹出参数线精加工对话框。

③ 设置"加工参数"。设置"切削用量"。设置"进退刀参数"。设置"下刀方式"。设

图 5.151 等高线粗加工刀具轨迹

置"铣刀参数"。设置"加工边界"。

④ 单击确定按钮→拾取加工曲面→右击→拾取加工边界→右击,生成的刀具轨迹如图 5.152 所示。

图 5.152 参数线精加工刀具轨迹

3. 加工仿真

(1) 单击"编辑"→"可见",显示所有已经生成的加工轨迹。然后拾取加工轨迹,单击确认按钮。或者在特征树加工管理区的粗加工刀具轨迹上右击,在弹出的快捷菜单中选择显示项。

(2) 选择加工→轨迹仿真命令,或者在特征树加工管理区的空白处右击,在弹出的快捷菜单中选择加工→轨迹仿真,拾取粗加工、精加工的刀具轨迹,右击结束,系统进入加工仿真界面。

(3) 单击"仿真加工"按钮 ,在弹出的界面中设置好参数后单击仿真开始按钮,系统进入仿真加工状态。

仿真结束后，仿真结果如图 5.153、图 5.154 所示。

图 5.153　等高线粗加工刀具轨迹仿真

图 5.154　参数线精加工刀具轨迹仿真

4. 后置处理

单击加工→后置处理→后置设置，弹出后置设置对话框。

增加机床设置，点取当前机床右侧的箭头按钮，选择 FANUC。单击确定按钮结束。

后置处理设置：单击图标"后置处理设置"，系统弹出后置处理设置对话框，改变各项参数。然后单击确定按钮退出。

5. 生成 G 代码

单击加工→后置处理→生成代码，系统提示：生成当前机床的加工指令，同时弹出文件管理器对话框，用鼠标左键单击"文件输入名"下的文件输入按钮。输入文件名：连杆造型加工.cut。

然后单击确定按钮，如图 5.155 所示。

系统提示：拾取刀具轨迹，用鼠标左键拾取半精加工轨迹后，单击鼠标右键结束。

系统立即生成该轨迹的 G 代码，如图 5.156 所示。

图 5.155 连杆加工 G 代码文件

图 5.156 连杆加工 G 代码

五、知识拓展

连杆的一个典型应用就是曲柄连杆机构,如图 5.157 所示,该结构在发动机中非常常见,曲柄连杆机构是发动机实现工作循环、完成能量转换的主要运动零件。它由机体组、活塞连杆组和曲轴飞轮组等组成。

连杆是指用于连接两个活动构建的连接件,如图 5.158 所示,在发动机做功行程中,活塞承受燃气压力在气缸内作直线运动,通过连杆转换成曲轴的旋转运动,并从曲轴对外输出动力。连杆起到了连接活塞和曲轴的作用,连杆组成分解如图 5.159 所示。

图 5.157 曲柄连杆机构

图 5.158 曲柄连杆

图 5.159　连杆组成

思考与练习

应用轮廓线精加工、区域式粗加工和孔加工命令加工如图 5.160 所示的零件，台体零件模型如图 5.161 所示。

图 5.160　台体零件尺寸图

图 5.161　台体零件模型

项目小结

本项目通过长方盒体加工、五角星曲面加工、鼠标零件加工、连杆加工等 10 个实例，介绍了 CAXA 制造工程师实体造型、加工轨迹生成、加工轨迹仿真检查、生成 G 代码程序等内容，使读者对 CAXA 制造工程师 2013 数控编程与仿真加工知识内容有所认识和掌握。

项目实训

一、填空题

1. CAXA 制造工程师提供的后置处理器，无需生成（　　　　）就可以直接输出 G 代码控制指令。
2. 坐标系是（　　　　）的基准，在 CAXA 制造工程师中许可系统同时存在多个坐标系。
3. 在 CAXA 制造工程师中系统自动创建的坐标系称为（　　　　），而用户创建的坐标系称为（　　　　）。
4. 延伸曲面有两种方式：（　　　　）和（　　　　）。
5. 导动面是截面曲线或轮廓线沿着（　　　　）扫动生成的曲面。
6. 边界面是指在已知边界线围成的（　　　　）区域内生成的曲面。
7. 固结导动是指截面轮廓与导动线始终保持（　　　　）关系。
8. 边界表示法（Boundary Representation，简称 B-Rep 法）的基本思想是一个实体可以通过多块面（　　　　）而成，而每一个面又可以用边来描述，边通过点、点通过三个坐标值来定义，通过描述形体的边界来表示一个形体。
9. CAXA 制造工程师的"轨迹再生成"可实现轨迹（　　　　）的实时编辑，用户只需选中已有的 NC 刀位轨迹，修改已定义的相关工艺参数表，即可重新生成加工轨迹。
10. CAXA 制造工程师 2 轴和 2.5 轴加工方式可直接利用零件的轮廓曲线生成加工轨迹指令，而无需建立其（　　　　）。

二、选择题

1. 计算机辅助工艺规划的英文缩写是（　　）。
   A. CAD　　　　B. CAM　　　　C. CAE　　　　D. CAPP
2. 在 CAXA 制造工程师导动特征功能中，截面线与导动线保持固接关系的方式称为（　　）。
   A. 单向导动　　B. 双向导动　　C. 平行导动　　D. 固接导动
3. 在特征草图状态下，草图轮廓应为（　　）。
   A. 自由轮廓　　B. 实体轮廓　　C. 封闭轮廓　　D. 边界轮廓
4. CAXA 制造工程师中参数线加工一般用于（　　）。
   A. 轮廓加工　　B. 平面加工　　C. 曲面加工　　D. 内腔加工
5. CAXA 制造工程师中摆线式粗加工用于（　　）。
   A. 低速铣床　　B. 中速铣床　　C. 高速铣床　　D. 加工中心

三、判断题

（　　）1. 生成边界面所拾取的三条（四条）曲线必须首尾相连成封闭环，并且拾取的曲线应当是光滑曲线。

（　　）2. 在放样面中，组成骨架的相似截面线必须是光滑曲线，并且互不相交、方向一致，否则生成的曲面将发生扭曲。

（　　）3. 在放样面中，拾取截面时需要根据摆放的方位向一个方向拾取曲线。

（　　）4. 曲面裁剪时，空间两曲面不一定要有交线。

（　　）5. 进行过渡的两曲面在指定方向上与距离等于半径的等距面必须相交，否则曲面过渡会失败。

四、简答题

1. 简述 CAXA 制造工程师提供的特征造型方式。
2. 简述 CAXA 制造工程师的型腔分模功能。
3. 试述区域和岛屿的概念。

五、作图题

1. 分析凸台零件图，确定凸台加工路线，确定刀具路线，将凸台加工出来，并进行实体仿真，凸台零件图如图 5.162 所示，模型如图 5.163 所示。

图 5.162　凸台零件尺寸图

2. 应用所学的粗加工和精加工方法加工鼠标的凹模和凸模，鼠标尺寸和模型如图 5.164、图 5.165 所示。

图 5.163　凸台零件模型

图 5.164　鼠标零件尺寸图

图 5.165　鼠标零件模型图

3. 创建如图 5.166 所示零件的凹模，并应用扫描线粗加工该凹模。

图 5.166 凹模零件尺寸图

项目 6

多轴加工与仿真

随着数控技术的发展，多轴加工零件也在实际生产中得到广泛的使用。CAXA 的多轴加工是指除 X、Y、Z 三个线性轴之外，再增加附加线性轴或回转轴的加工。如增加附加回转轴 A、B、C，附加线性轴 U、V、W 等。单击"加工"下拉菜单，多轴加工有 16 项功能，分别是四轴曲线加工、四轴平切面加工、五轴等参数线加工、五轴侧铣加工、五轴曲线加工、五轴曲面区域加工、五轴 G01 钻孔加工、五轴定向加工、转四轴轨迹加工等加工轨迹生成方法，叶轮、叶片类零件，除以上这些加工方法外，系统还提供专用的叶轮粗加工及叶轮精加工功能，可以实现对叶轮和叶片的整体加工。

【技能目标】
- 创建适合于多轴加工的绘图基准面。
- 创建适合于多轴加工的实体。
- 创建适合于多轴加工的曲面。
- 掌握生成多轴加工的后置处理。

任务 1　四轴平切面加工

一、任务导入

创建底圆 $\phi 40$ 顶圆 $\phi 20$ 高 60 的圆台曲面模型，生成加工轨迹。

二、任务分析

从图 6.1 可以看出，该模型为光滑圆台曲面模型，先建立线框模型，然后通过"直纹面"创建圆台曲面模型，最后用"四轴平切面加工"生成"多轴加工"轨迹。通过该任务的练习，复习线架造型、曲面造型方法，掌握四轴加工轨迹生成方法。

三、造型加工步骤

（1）通过 F9 键选择平面 YOZ 作图面→绘制底圆 $\phi 40$、顶圆 $\phi 20$、高 60 的圆台线架图，如图 6.2 所示。

（2）通过直纹面作圆台曲面模型，如图 6.1 所示。

（3）点取"加工"→"多轴加工"→"四轴平切面加工"弹出如图 6.3 所示对话框，设置有关参数后确定，结果如图 6.4 所示。

图 6.1　圆台曲面模型

图 6.2　圆台线架图

图 6.3　四轴平切面加工参数设置

图 6.4　四轴加工刀具轨迹

四、知识拓展

四轴平切面加工：用一组垂直于旋转轴的平面与被加工曲面的等距面求交而生成四轴加工轨迹的方法叫作四轴平切面加工。多用于加工旋转体及上面的复杂曲面。铣刀刀轴的方向始终垂直于第四轴的旋转轴。四轴加工实例如图 6.5 所示。

图 6.5 四轴加工实例

1. 旋转轴

X 轴：机床第四轴绕 X 轴旋转，生成加工代码角度地址为 A。

Y 轴：机床第四轴绕 Y 轴旋转，生成加工代码角度地址为 B。

2. 行距定义方式

平行加工：用平行于旋转轴的方向生成加工轨迹。

角度增量：平行加工时用角度的增量来定义两平行轨迹之间的距离。

环切加工：用环绕旋转轴的方向生成加工轨迹。

行距：环切加工时用行距来定义两环切轨迹之间的距离。

3. 走刀方式

单向：在刀次大于 1 时，同一层的刀迹轨迹沿着同一方向进行加工，这时，层间轨迹会自动以抬刀方式连接。精加工时为了保证加工表面质量多采用此方式。

往复：在刀具轨迹层数大于 1 时，行之间的刀迹轨迹方向可以往复。刀具到达加工终点后，不快速退刀而是与下一行轨迹的最近点之间走一个行间进给，继续沿着原加工方向相反的方向进行加工的方式。加工时为了减少抬刀，提高加工效率多采用此种方式。

4. 边界保护

保护：在边界处生成保护边界的轨迹。

不保护：到边界处停止，不生产轨迹。

5. 优化

最小刀轴转角：刀轴转角指的是相邻两个刀轴间的夹角。最小刀轴转角限制的是两个相邻刀位点之间刀轴转角必须大于此数值，如果小了，就会忽略掉。

最小刀具步长：指的是相邻两个刀位点之间的直线距离必须大于此数值，若小于此数值，可忽略不要。效果如设置了最小刀具步长类似。如果与最小刀轴转角同时设置，则两个条件哪个满足哪个起作用。

思考与练习

1. 建立如图 6.6 所示的零件模型，并利用四轴加工功能生成加工轨迹。

图 6.6 四轴加工零件模型尺寸图

2. 建立如图 6.7 所示的矿泉水瓶子模型，并利用四轴加工功能生成加工轨迹。

图 6.7 矿泉水瓶子模型

任务 2　槽轴零件造型与加工

一、任务导入

完成如图 6.8 所示槽轴的三维实体造型和加工。

图 6.8 槽轴零件尺寸图

二、任务分析

从图 6.8 可以看出，槽轴零件由三部分组成：ϕ50mm×10mm 圆柱体、放样体上的四个卡槽和长度为 5mm 的椭圆柱。

先作实体造型，然后用"四轴平切面加工"加工圆台曲面，用"四轴曲线加工"加工四个卡槽内部，最后通过后置处理生成加工程序。

三、造型加工步骤

（1）左边立即菜单中选择"零件特征"栏，单击右键拾取 YZ 平面，单击右键，单击"绘制草图"按钮，进入草图状态。

（2）按 F5 键，把绘图平面切换至 XY 平面，单击"圆"按钮，以平面坐标原点为圆心作由 50mm 的圆，单击"绘制草图"按钮，退出草图状态。

（3）单击"拉伸增料"按钮，在弹出的对话栏里设置参数。

（4）单击"确定"按钮，即可完成 ϕ50mm×10mm 圆柱体的创建，结果如图 6.9 所示。

（5）单击 ϕ50mm×10mm 圆柱体的右端面，单击右键，在弹出的菜单中单击选择"创

图 6.9 拉伸增料实体

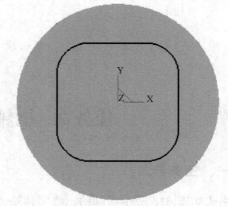

图 6.10 绘制草图

建草图",进入草图状态。

(6) 按 F5 键,切换草图绘图平面至 XY 平面后,运用"矩形"、"倒圆角"按钮,绘制出如图 6.10 所示的草图。

(7) 单击"绘制草图"按钮,退出草图。

(8) 单击"构造基准面"按钮,选择"等距平面确定基准平面"项,输入距离"30",单击 φ50mm×10mm 圆柱体的右端面,单击"确定"按钮后,即可生成一新的基准面,如图 6.11 所示。

(9) 单击新基准面,单击"绘制草图"按钮,进入草图状态,绘制草图。

(10) 单击"圆"按钮,以坐标原点为圆心绘制 φ20mm 圆,如图 6.12 所示。

(11) 单击"绘制草图"按钮,退出草图。

(12) 单击"放样增料"按钮,弹出"放样增料"对话框后,依次拾取刚绘制好的两个草图,如图 6.12 所示。单击"确定"按钮后,即可生成放样增料特征体,如图 6.13 所示。

(13) 倒圆角。单击"过渡"按钮,设置"过渡"的半径为 3,单击"φ50mm×10mm 圆柱体"与"放样增料实体"相接的任一边线,单击"确定"按钮即可完成 R3 圆角过渡,如图 6.14 所示。

图 6.11 构造基准面   图 6.12 绘制放样草图

(14) 把放样体及 R3 圆角生成曲面。单击"实体表面"按钮,单击放样体表面和 R3 圆

图 6.13 放样增料实体   图 6.14 过渡实体

角,单击右键,即可生成曲面,如图6.15所示。

(15) 选择主菜单中的"编辑/隐藏",框选刚生成的曲面,单击右键,即可隐藏曲面。

(16) 生成平行于XY平面上的一个卡槽。

生成一个基准面,与XY平面的距离为11mm。选择生成后的基准平面为基准面作草图。运用"直线"、"圆弧"等命令绘制草图。单击"绘制草图"按钮,退出草图,如图6.16所示。单击"拉伸除料"按钮,在弹出的对话框中设置参数后,单击"确定"按钮,即可生成图6.17所示的实体。

图6.15 生成放样曲面

图6.16 绘制卡槽草图

图6.17 拉伸除料实体

图6.18 阵列卡槽实体

(17) 阵列刚生成的卡槽。

在图形中心创建一条直线,如图6.18所示。单击"环形阵列"按钮,在弹出的对话框中设置参数。其中,阵列对象选择刚生成的卡槽,基准轴为旋转第一步的直线,角度为90°,数目为4。单击"确定"按钮,结果如图6.18所示。

创建长度为5mm的椭圆柱及$R3$圆角,在此不再详述,结果如图6.19所示。单击"实体表面"按钮,单击椭圆柱表面和$R3$圆角,单击右键,即可生成曲面,如图6.20所示。

(18) 选择主菜单中的"加工/多轴加工/四轴平切面加工",打开四轴平切面加工参数设置栏,如图6.21所示。参数都设置好后,单击"确定"按钮。当系统提示"拾取加工对象"时,依次单击拾取所有曲面。当系统提示"拾取进刀点"时,单击椭圆柱最右端的一点。当系统提示"选择加工侧"时,再选择向上的箭头。当系统提示"选择走刀方向"时,单击往

图6.19 椭圆柱放样实体

图6.20 生成放样曲面

里的箭头。当系统提示"选择需要改变加工侧的曲面"时,把每个方向往里的箭头都单击一下,使其往外,单击右键,即可完成轨迹生成,结果如图6.22所示。

图6.21 四轴平切面加工参数设置

(19) 将之前所有曲面进行隐藏。把卡槽内部中间 $R60$ 的曲线画出来。

(20) 单击"移动"按钮,从立即菜单中选择"偏移量"、"移动"、$DZ=4$,单击 $R60$ 曲线,然后单击右键,即可将曲线向上移动4mm。

(21) 单击"阵列"按钮。从立即菜单中选择"圆形"、"均布"、$R60$ 曲线,然后单击右键,即可将曲线阵列4份,结果如图6.23所示。

(22) 加工方法的选择及加工参数的设定。

图 6.22 四轴平切面加工刀具轨迹

图 6.23 绘制卡槽曲线

选择菜单中的"加工/多轴加工/四轴曲线加工",打开曲轴平切面加工参数设置栏。单击"四轴曲线加工"栏,具体加工参数如图 6.24 所示。参数都设置好后,单击"确定"按钮。当系统提示"拾取曲线"时,单击其中一条曲线。当系统提示"确定链拾取方向"时,单击其中的一个方向。当系统再次提示"拾取曲线",单击右键跳过。当系统提示"选取加工侧边"时,单击向上的箭头。单击右键,即可完成此槽的加工,结果如图 6.25(a)所示。

(23)用同样方法完成其他三条曲线的加工,完成后的结果如图 6.25(b)所示。

图 6.24 四轴曲线加工参数设置

图 6.25 四轴曲线加工刀具轨迹

四、知识拓展

四轴曲线加工功能：

根据给定的曲线，生成四轴加工轨迹。多用于回转体上加工槽。铣刀刀轴始终垂直于第四轴的旋转轴。加工实例如图 6.26 所示。

图 6.26　四轴曲线加工刀具轨迹仿真

1. 旋转轴

X 轴：机床第四轴绕 X 轴旋转，生成加工代码角度地址为 A。

Y 轴：机床第四轴绕 Y 轴旋转，生成加工代码角度地址为 B。

2. 加工方向

生成四轴加工轨迹时，下刀点与拾取曲线的位置有关，在曲线的哪一端拾取，就会在曲线的哪一端点下刀。生成轨迹后如果想改变下刀点，则可以不用重新生成轨迹，而只需要双击轨迹树中的加工参数，在加工方向中的"顺时针"和"逆时针"两项之间进行切换即可改变下刀点。

3. 加工精度

加工误差：输入模型的加工误差，计算模型的轨迹误差小于此值。加工误差越大，模型形状的误差也增大，模型表面越粗糙。加工精度越小，模型形状的误差也减小，模型表面越光滑，但是，轨迹段的数目增多，轨迹数据量变大。

加工步长：生成加工轨迹的刀位点沿曲线按弧长均匀分布。当曲线的曲率变化较大时，不能保证每一点的加工误差都相同。

4. 加工深度

从曲线当前所在的位置向下要加工的深度。

5. 进给量

为了达到给定的加工深度，需要在深度方向多次进刀时的每刀进给量。

6. 起止高度

刀具初始位置。起止高度通常大于或等于安全高度。

7. 安全高度

刀具在此高度以上任何位置，均不会碰伤工件和夹具。

8. 下刀相对高度

在切入或切屑开始前的一段刀位轨迹的长度，这段轨迹以慢速下刀速度垂直向下进给。

操作说明：生成加工代码时后置请选用 FANUC＿4axis＿A 或 FANUC＿4axis＿B 两个后置文件。

思考与练习

1. 建立并加工图 6.27 所示的卡槽轴零件模型。

图 6.27 卡槽轴零件尺寸图

2. 建立并加工图 6.28 所示的叶轮零件模型。

图 6.28 叶轮零件尺寸图

任务 3 叶轮零件造型与加工

一、任务导入

叶轮零件的造型与加工，零件如图 6.29 所示。

图 6.29 叶轮零件尺寸图

二、任务分析

根据叶轮零件尺寸图可知,叶轮为回转体,可通过"旋转增料"和"旋转除料"来完成,叶片用"放样增料"和"环形阵列"完成造型。然后用"叶轮粗加工"生成粗加工刀具轨迹。

三、造型加工步骤

(1) 单击特征树中的"平面 YZ"→单击绘制草图按钮 ![icon],进入草图编辑状态,绘制图 6.30 所示的草图。

(2) 过 R6 圆心与 Z 轴平行的回转轴线,按 F8 键→单击"旋转增料"图标 ![icon]→单向旋转→输入"旋转角度"360,在特征树上拾取"草图"→拾取回转轴线→单击确定按钮,结果如图 6.31 所示。

图 6.30 绘制旋转草图

(3) 在实体底平面和顶面绘制草图,通过单击"放样增料"图标 ![icon]→依次拾取各截断面草图→单击确定按钮,结果如图 6.32 所示。

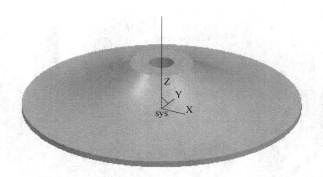

图 6.31 旋转增料实体

(4) 按 F8 键→单击"环形阵列"图标 ![icon]，弹出环形阵列对话框→输入"角度"36→输入"数目"10→单击自身旋转，在阵列对象栏中拾取选择阵列对象→在特征树上拾取叶片特征，如图 6.33 所示。在边/基准轴栏中拾取选择基准轴→拾取直线→单击完成按钮，结果如图 6.34 所示。

图 6.32 放样增料实体

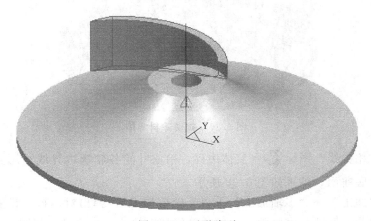

图 6.33 环形阵列

(5) 单击特征树中的"平面 YZ"→单击绘制草图按钮 ![icon]，进入草图编辑状态，绘制图 6.35 所示的右上角草图，退出草图按 F8 键如图 6.36 所示。

图 6.34 阵列实体

图 6.35 旋转除料草图尺寸图

图 6.36 旋转除料草图

(6) 按 F8 键→单击"旋转除料"图标 →单向旋转→输入"旋转角度"360,在特征树上拾取"草图"→拾取回转轴线→单击确定按钮,结果如图 6.37 所示。

图 6.37 旋转除料实体

(7) 单击"相关线"图标 →实体边界,拾取叶轮各轮廓边界线→用直纹面作出各叶片侧曲面及叶片底曲面,结果如图 6.38 所示。

(8) 点取"加工"→"多轴加工"→"叶轮粗加工",弹出对话框,设置有关参数,拾取叶轮各叶片侧曲面及叶片底曲面,生成叶轮粗加工轨迹,线架显示如图 6.38 所示。

四、知识拓展

叶轮粗加工:对叶轮相邻两叶片之间的余量进行粗加工。

图 6.38　叶轮粗加工刀具轨迹

点取"加工"→"多轴加工"→"叶轮粗加工",弹出对话框。

1. 叶轮装卡方位

（1） X 轴正向：叶轮轴线平行于 X 轴,从叶轮底面指向顶面同 X 轴正向同向的安装方式。

（2） Y 轴正向：叶轮轴线平行于 Y 轴,从叶轮底面指向顶面同 Y 轴正向同向的安装方式。

（3） Z 轴正向：叶轮轴线平行于 Z 轴,从叶轮底面指向顶面同 Z 轴正向同向的安装方式。

2. 走刀方式

（1） 横切：在两叶片之间,刀具沿圆心在叶轮轴上的圆周上做走刀进给运动。

（2） 纵切：在两叶片之间,刀具顺着叶轮槽方向做向上或向下的走刀进给运动。

3. 走刀方向

（1） 从上向下：在"走刀方式"为纵切的情况下,刀具由叶轮顶面切入,从叶轮底面切出,单向走刀。

（2） 从下向上：在"走刀方式"为纵切的情况下,刀具由叶轮底面切入,从叶轮顶面切出,单向走刀。

（3） 从左向右：在"走刀方式"为横切的情况下,刀具在圆周上由左向右单向走刀。

（4） 从右向左：在"走刀方式"为横切的情况下,刀具在圆周上由右向左单向走刀。

（5） 往复：在以上四种情况下,一行走刀完后,不抬刀而是切削移动到下一行,反向走刀完成下一行的切削加工。

4. 进给方向

（1） 从上向下：在"走刀方式"为横切的情况下,刀具的行间进给方向是从上向下。

（2） 从下向上：在"走刀方式"为横切的情况下,刀具的行间进给方向是从下向上。

（3） 从左向右：在"走刀方式"为纵切的情况下,刀具的行间进给方向是从左向右。

（4） 从右向左：在"走刀方式"为纵切的情况下,刀具的行间进给方向是从右向左。

（5） 从二边向中间：在"走刀方式"为纵切的情况下,刀具的行间进给方向是从二边向中间。

(6) 从中间向二边：在"走刀方式"为纵切的情况下，刀具的行间进给方向是从中间向二边。

5. 扇区内工作顺序

指扇区粗加工去除材料的去除顺序。

(1) 层优先：先去除上层的所有行的材料再去除下层的所有材料。

(2) 深度优先：先去除一行下所有层的材料，再进给到下一行，去除下一行所有层的材料。

6. 延长

(1) 底面上部延长量：当刀具从叶轮上底面切入或切出时，为确保刀具不与工件发生碰撞，将刀具的走刀或进给行程向上延长一段距离，以使刀具能够完全离开叶轮上底面。

(2) 底面下部延长量：当刀具从叶轮下底面切入或切出时，为确保刀具不与工件发生碰撞，将刀具的走刀或进给行程向下延长一段距离，以使刀具能够完全离开叶轮下底面。

7. 步长和行距

(1) 最大步长：刀具走刀的最大步长，大于"最大步长"的走刀步将被分成两步。

(2) 最小步长：刀具走刀的最小步长，小于"最小步长"的走刀步将被合并。

(3) 最大行距：走刀行间的最大距离。"纵切"方式时，以半径最大处的行距为计算行距。

(4) 最小行距：走刀行间的最小距离。"纵切"方式时，以半径最大处的行距为计算行距。

(5) 每层下降高度：在叶轮旋转面上刀触点的法线方向上的层间距离。

8. 加工余量和精度

(1) 叶轮底面加工余量：粗加工结束后，叶轮底面（即旋转面）上留下的材料厚度。也是下道精加工工序的加工工作量。

(2) 叶轮底面加工精度：加工精度越大，叶轮底面模型形状的误差也增大，模型表面越粗糙。加工精度越小，模型形状的误差也减小，模型表面越光滑，但是，轨迹段的数目增多，轨迹数据量变大。

(3) 叶面加工余量：叶轮槽的左右两个叶片面上留下的下道工序的加工材料厚度。

9. 起止高度

刀具初始位置。

10. 安全高度

系统认为刀具在此高度以上任何位置，均不会碰伤工件和夹具。所以应该把此高度设置高一些。

11. 下刀相对高度

在切入或切削开始前的一段刀位轨迹的位置长度，这段轨迹以慢速下刀速度垂直向下进给。

思考与练习

1. 根据图 6.39 所示尺寸，完成零件的实体造型设计，应用适当的加工方法编制完整的 CAM 加工程序，后置处理格式按 FAUNC 系统要求生成。

2. 建立并加工图 6.40 所示的零件模型，利用四轴加工功能加工该模型。

项目6 多轴加工与仿真

P点坐标：
P1(42.816，11.033)
P2(37.122，9.152)
P3(−8.692，14.265)
P4(−11.303，15.743)

图 6.39 叶轮零件尺寸图

未注倒角C0.5

图 6.40 螺旋槽零件尺寸图

任务 4　空间圆槽的设计与加工

一、任务导入

完成圆槽的造型，槽实体（宽为 25mm，深为 15mm），并生成圆槽四轴曲线加工轨迹，如图 6.41 所示。主要介绍以 B 轴为旋转轴的零件的设计及加工。

二、任务分析

由图 6.41 可知圆槽的形状主要是由圆柱面和圆槽曲面组成的，因此在构造实体时首先应使用拉伸增料生成圆柱面实体特征和圆槽曲面，然后利用曲面加厚除料，完成圆槽造型。

三、造型加工步骤

（1）绘制 $R50$ 的水平圆，然后将圆绕 X 轴直线旋转 $45°$，如图 6.42 所示。

图 6.41　圆槽实体　　　　　　　图 6.42　绘制 $R50$ 圆

（2）单击"平移"图标 □ →偏移量→拷贝→输入"DX"0→输入"DY"25→输入"DZ"0，拾取椭圆线，结果如图 6.43 所示。

（3）单击"直纹面"图标 □ →曲线+曲线，分别拾取两个椭圆大致相同的位置→右击结束，结果如图 6.44 所示。

图 6.43　绘制平行圆　　　　　　　图 6.44　绘制圆环面

（4）在特征树上拾取"平面 XZ"作为基准面，按 F2 键→按 F5 键→绘制 $\phi50$ 圆→按 F2 键退出草图，特征树上生成"草图 0"，如图 6.45 所示。

（5）按 F8 键→单击"拉伸增料"图标 □ →双向拉伸→输入"深度"160，如图 6.46 所示。

(6) 按 F8 键→单击"曲面加厚除料"图标→输入"厚度 1"15→拾取椭圆曲面→单击确定按钮,结果如图 6.47 所示。

图 6.45　绘制草图　　　　　　　　　图 6.46　拉伸增料实体

图 6.47　曲面加厚除料实体　　　　　图 6.48　绘制圆槽中间曲线

(7) 单击"平移"图标→偏移量→拷贝→输入"DX"0→输入"DY"12.5→输入"DZ"0,拾取椭圆线,作出椭圆槽中间曲线,结果如图 6.48 所示。

(8) 单击主菜单"加工",单击"多轴加工",单击打开"四轴曲线加工",参数设置如图 6.49 所示。

(9) 参数都设置好后,单击"确定"按钮,当系统提示"拾取曲线"时,单击平移后的曲线。当系统提示"确定链搜索方向"时,单击其中的一个方向。当系统再次提示"拾取曲线"时,单击右键跳过。

(10) 当系统提示"缝取加工侧边"时,单击向外的箭头,单击右键,即可完成此空间圆槽的加工轨迹,如图 6.50 所示。

四、知识拓展

四轴曲线加工多用于回转体上加工槽。例如圆柱体上的螺旋曲线加工,如图 6.51 所示,轨迹仿真如图 6.52 所示。

图 6.49 四轴曲线加工参数设置

图 6.50 圆槽加工轨迹

图 6.51 四轴曲线加工刀具轨迹

图 6.52 四轴曲线加工刀具轨迹仿真

思考与练习

按照如图 6.53 所示实体造型，并选用合适的多轴加工方法对曲面部分进行加工，生成加工轨迹。

图 6.53 曲面图案加工模型

项 目 小 结

本项目主要学习四轴曲线加工、四轴平切面加工轨迹生成方法，多轴加工中的曲线加工、曲面区域加工、叶轮系列粗加工和精加工、轨迹转换等功能，以及在多轴产品设计和加工过程中所需要注意的事项，以及轨迹生成的方法、步骤和注意事项、后置处理的要求等。通过学习，掌握运用 CAXA 制造工程师 2013 进行四轴和五轴零件设计和加工的方法，树立多轴加工思维概念。

项目实训

一、填空题

1. CAXA制造工程师中系统提供了三种毛坯定义方式（　　）、（　　）、（　　）控制指令。
2. 拉伸增料是将一个轮廓曲线（　　　　　），用以生成一个材料的特征。
3. 曲面加厚是对指定的曲面按照给定的（　　）和（　　）进行生成实体。
4. 曲面减料可对单独曲面进行加厚操作，也可对（　　）的曲面进行内部填充去除的特征修改。
5. 面间干涉是指在加工一个或系列表面时，可能对其他表面产生的（　　）现象。
6. 在CAXA制造工程师中构造网格面的步骤是：首先构造曲面的（　　）网格线来确定曲面的骨架形状，再用自由曲面插值特征网格线生成曲面。
7. 曲面裁剪时两曲面必须有（　　　），否则无法裁剪曲面。
8. 创建坐标系有五种方法，分别是（　　）、（　　）、（　　）、（　　）、（　　）。
9. 曲面延伸功能不支持（　　）曲面的延伸。
10. 模型是指系统存在的所有（　　）和（　　）的总和（包括隐藏的曲面或实体）。

二、选择题

1. 在CAXA制造工程师中改变观察方向，通过按F8键会显示（　　）。
   A. XZ平面　　　B. 轴测　　　C. XY平面　　　D. YZ平面
2. 在CAXA制造工程师中系统用黑色斜杠来表示当前面。若想改变当前面可通过按（　　）键在当前坐标系下的三个平面间进行切换。
   A. F7　　　B. F8　　　C. F9　　　D. F10
3. 曲面拼接共有三种方式，下面不正确的是（　　）。
   A. 两面拼接　　B. 三面拼接　　C. 四面拼接　　D. 五面拼接
4. 清根加工属于（　　）加工。
   A. 半精加工　　B. 精加工　　C. 补加工　　D. 其他
5. 修剪是用拾取一条曲线或多条曲线作为（　　），对一系列被裁剪曲线进行裁剪。
   A. 裁剪点　　B. 裁剪线　　C. 裁剪面　　D. 裁剪体

三、判断题

（　　）1. 曲面重拟合功能不支持裁剪曲面。
（　　）2. 曲线拉伸将指定曲线拉伸到指定点。
（　　）3. 相关线用来描绘曲面或实体的交线、边界、参数线、法线、投影线和实体边界。
（　　）4. 过渡是指以给定半径在实体间做光滑过渡。
（　　）5. 2轴或2.5轴加工方式可直接利用零件的轮廓曲线生成加工轨迹指令，而无需建立其三维模型。

四、简答题

1. 简述 CAXA 制造工程师提供的特征造型方式。
2. 简述固接导动与平行导动的区别。
3. 试述插铣式粗加工的应用场合。

五、作图题

1. 按照如图 6.54 所示实体造型,并选用合适的多轴加工方法对曲面部分进行加工,生成加工轨迹。

图 6.54　锥形曲面加工模型

2. 按照如图 6.55 所示凹形曲面实体造型,并选用合适的多轴加工方法对凹形曲面部分进行加工,生成加工轨迹。

图 6.55　凹形曲面加工模型

综 合 训 练

综合训练一 线架造型

一、填空题

1. CAXA 制造工程师采用精确的（　　　）造型技术，可将设计信息用（　　　）来描述，简便而准确。

2. 所谓"线架造型"就是直接使用空间点、直线、圆、圆弧等来表达（　　　）的造型方法。

3. 计算机辅助设计和计算机辅助制造（Computer Aided Design and Computer Aided Manufacturing，简称 CAD/CAM）技术，作为传统技术与（　　　）的结合，以不同的方式广泛应用于各项工程实践中。

4. 圆弧过渡用于在两根曲线之间进行给定半径的（　　　）。

5. 阵列是通过一次操作同时生成若干个相同的图形，可以提高作图速度。阵列有（　　　）与（　　　）两种方式。

6. CAXA 制造工程师常用的命令以（　　　）的方式显示在绘图区的上方。

7. CAD/CAM 硬件系统主要是指计算机的（　　　）系统。

8. 坐标系是建模的基准，在 CAXA 制造工程师中许可系统同时存在多个坐标系，其中正在使用的坐标系叫（　　　）。

9. CAXA 制造工程师中提供的造型方法属于（　　　）。

10. （　　　）是指对指定的两条曲线进行圆弧过渡、尖角过渡或对两条直线倒角。

二、选择题

1. 在进行点的输入操作时，在弹出的数据输入框中输入"100/2，30＊2，140sin30"后，得到的结果为（　　）。
   A. 50，60，70　　　　　B. 100，30，140　　　　C. 无效输入

2. 当需要输入特征值点时，按（　　）键可弹出点工具菜单。
   A. Esc　　　　　　　　B. Enter　　　　　　　C. Space

3. CAXA 制造工程师等高线粗加工属于（　　）轴加工。
   A. 2　　　　　　　　　B. 2.5　　　　　　　　C. 3　　　　　　　　　D. 4

4. 在利用点工具菜单生成单个点时，不能利用的点是（　　）。
   A. 端点和中点　　　　　B. 圆心　　　　　　　　C. 切点和垂足点

5. 当需要输入特征值点时，按特征值点的快捷键 M 以表示捕捉（　　）。
   A. 端点　　　　　　　　B. 中点　　　　　　　　C. 交点

三、判断题

（ ）1. 安全高度是指保证在此高度以上可以快速走刀而不发生过切的高度。

（ ）2. 慢速下刀距离是指由快进（G01）转为工进（G00）时的位置长度。

（ ）3. 加工余量车、铣加工均是去除余量的过程，即从毛坯开始逐步去除多余的材料，以得到需要的零件。

（ ）4. 实际的加工模型是制定的加工模型按给定的加工余量进行等距的结果。

（ ）5. 在两轴联动控制中，对于直线和圆弧的加工存在误差，加工误差是指对样条线进行加工时用折线段逼近样条线时的误差。

四、简答题

1. 简述 CAXA 制造工程师的基本功能。

2. 进行已知点的坐标输入有几种方法？各有何特点？

3. 简述 CAD、CAM、CAPP 的基本概念。

五、作图题

1. 按综合训练图 1 绘制三维线架图形。

综合训练图 1　零件尺寸图

2. 按综合训练图 2 绘制二维平面图形。（提示：使用圆、平面镜像、修剪等功能。）

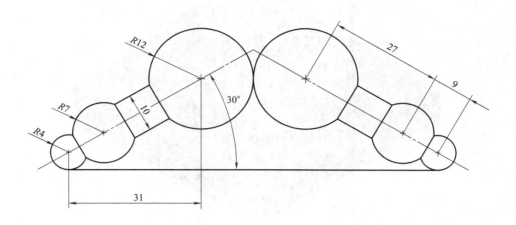

综合训练图 2　球面零件尺寸图

3. 按综合训练图 3 绘制三维线架图形，综合训练图 4 为参考立体图。

综合训练图 3　凸台零件尺寸图

综合训练图 4　凸台零件立体图

综合训练二　曲面造型

一、填空题

1. CAXA 制造工程师生成旋转曲面时，需要在立即菜单中输入两个相关参数：①（　　），生成曲面的起始位置与母线和旋转轴构成平面的夹角；②（　　），生成曲面的终止位置与母线和旋转轴构成平面的夹角。

2. 在 CAXA 制造工程师中，扫描曲面实际上是（　　）的一种，它是一条空间曲线沿指定方向从给定的起始位置开始以一定的锥度扫描生成曲面。

3. 平行导动指截面线沿导动线趋势始终平行它自身的（　　）而生成的特征实体。

4. 导动面是截面曲线或轮廓线沿着（　　）扫动生成的曲面。

5. 边界面是指在已知边界线围成的（　　）区域内生成曲面。

6. 扫描法（Sweep Representation）是将二维的封闭截面沿给定的轨迹（　　）或绕给定的轴线（　　）而成的。

7. CAXA 制造工程师目前提供 10 种曲面生产方式，分别是直纹面、旋转面、扫描面、边界面、放样面、网格面、导动面、等距面、（　　）和（　　）。

8. 直纹曲面的特点是母线为（　　），曲面形状受两条轨迹曲线控制。

9. 由多个曲面融接而成的曲面模型（Surface Models），通常被称为（　　）。

10. 在三张曲面之间对两两曲面进行过渡处理，并用一张角面将所得的三张过渡面连接起来。若两两曲面之间的三个过渡半径（　　），称为（　　）半径过渡。

二、选择题

1. 计算机辅助制造的英文缩写为（　　）。
A. CAD　　　　B. AI　　　　C. CAM　　　　D. CAPP

2. 在 CAXA 制造工程师中提供了（　　）种绘制圆的方法。
A. 2　　　　　　B. 3　　　　　　C. 4　　　　　　D. 5
3. 曲面缝合是指将（　　）光滑连接为一张曲面。
A. 两张曲面　　　B. 三张曲面　　　C. 四张曲面　　　D. 多张曲面
4. CAXA 制造工程师毛坯定义有三种方式：两点方式、三点方式和（　　）。
A. 点面方式　　　B. 点线方式　　　C. 参照模型　　　D. 四点方式
5. 深腔类特征一般采用（　　）。
A. 等壁厚加工　　B. 等高线加工　　C. 插铣式加工　　D. 参数线加工

三、判断题

（　　）1. 制造工程师系统计算刀位轨迹时默认全局刀具起始点作为刀具初始点。
（　　）2. 机床刀库是与各种机床的控制系统相关联的刀具库。
（　　）3. 仿真加工就是利用制造工程师软件系统模拟实际生产中的每一道加工过程，将刀具加工时的运行轨迹显示出来。还要对加工轨迹进行动态图像模拟。
（　　）4. 在 CAXA 制造工程师中可以将切削残余量用不同颜色区分表示，并把切削仿真结果与零件理论形状进行比较。
（　　）5. 在 CAXA 制造工程师中提供了平面分模和曲线分模。

四、简答题

1. 简述 CAXA 制造工程师中的曲面拼接种类。

2. 导动面是如何形成的？它有哪些种类？

3. 简述 CAXA 制造工程师中曲面过渡的概念及其种类。

五、作图题

1. 根据托架的轴测图（综合训练图 5）绘制其线架立体图。

综合训练图 5　托架零件尺寸图

2. 根据三视图（综合训练图 6）绘制其曲面立体图。

综合训练图 6　曲面模型尺寸图

3. 根据三视图（综合训练图 7）绘制其曲面立体图。

综合训练图 7　曲面模型尺寸图

4. 根据综合训练图 8 轴测图，绘制如综合训练图 9 所示轴承座的曲面造型图。

综合训练图 8　轴承座模型尺寸图

综合训练图 9　轴承座曲面模型

综合训练三　实体造型

一、填空题

1. 使用（　　　）特征可生成薄壁特征。
2. 草图中曲线必须依赖于一个（　　　　　），开始一个新草图前也就必须选择一个（　　　　）。
3. 可供选择的基准平面有两种，一种是（　　　　），另一种是（　　　　　　）。
4. 平面镜像是曲线以平面上一直线为（　　　），并关于对称轴进行复制。
5. 在进行线性陈列特征操作时，两个陈列方向（　　　）。

二、选择题

1. 柔性制造系统的英文缩写为（　　　）。
   A. CAPP　　　B. ACPP　　　C. CIMS　　　D. FMS
2. 在CAXA制造工程师中系统自动创建的坐标系称为"世界坐标系"，而用户创建的坐标系称为"用户坐标系"，（　　　）可以被删除。
   A. 世界坐标系　B. 用户坐标系　C. 工作坐标系　D. 系统坐标系
3. 放样特征造型中，轮廓的拾取（　　　）拾取轮廓草图。
   A. 需依次　　　B. 可随意
4. 在进行半径过渡时，只能拾取（　　　）。
   A. 边　　　　　B. 面
5. 只有当实体的棱边为（　　　）时，才可进行倒角操作。
   A. 曲线　　　　B. 直线

三、判断题

（　　）1. 在三轴联动控制中，可以按给定步长的方式控制加工误差。
（　　）2. 步长用来控制刀具步进方向上每两个刀位点之间的距离，系统按用户给定的步长计算刀具轨迹。

（　　）3. 在切削被加工表面时，倘若刀具切到了不应该切的部分，则称做出现干涉现象，或者称为过切。

（　　）4. 模型是指系统存在的所有曲面和实体的总和（包括隐藏的曲面或实体）。

四、简答题

1. 尺寸驱动的功能是什么？

2. 草图中的辅助线是否一定删除？

3. 如何解决草图环不闭合的问题？

五、作图题

1. 按照综合训练图 10 给定的尺寸，作轴承座的轴测剖视图。

综合训练图 10　轴承座零件尺寸图

2. 按照综合训练图 11 给定的尺寸进行螺母实体造型。在公式曲线中输入下面的公式：

$$x(t)=8*\cos(t) \quad y(t)=8*\sin(t) \quad z(t)=1.5*t/6.28$$

螺距为 1.5，角度方式为弧度，参数的起始值为"0"，终止值为"62.8"。螺纹齿形的截面线为三角形，夹角为 60°，三角形高 $H=0.866P$，螺纹深为 $7H/8$。

综合训练图 11　螺母尺寸及实体造型

3. 按照综合训练图 12 给定的尺寸，生成如综合训练图 13 所示密封垫圈的实体造型。

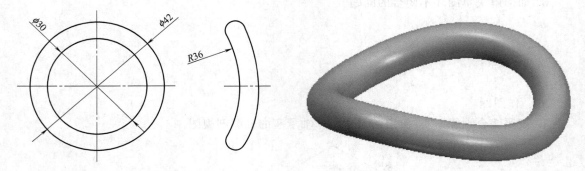

综合训练图 12　密封垫圈尺寸图　　　　　　综合训练图 13　密封垫圈实体造型

4. 按照综合训练图 14 给定的尺寸，利用放样特征功能生成实体造型。

综合训练图 14　椭圆曲面零件尺寸图

综合训练四　数控加工

一、填空题

1. CAXA 制造工程师提供了轨迹仿真手段以检验（　　　）的正确性。
2. CAXA 制造工程师的"轨迹再生成"功能可实现（　　　）轨迹编辑。用户只需要选中已有的数控加工轨迹，修改原定义的加工参数表，即可重新生成加工轨迹。
3. CAXA 制造工程师可自动按照加工的先后顺序产生（　　　）。
4. 仿真加工就是利用 CAXA 制造工程师软件系统模拟实际生产中的每一道加工过程，将刀具加工时的运行轨迹显示出来，并对加工轨迹进行（　　　）。
5. 加工仿真后加工完成的实体可通过（　　　）与理论模型进行比较。
6. 刀具轨迹是系统按给定（　　　）生成的对给定加工图形进行切削时刀具行进的路线。
7. 在切削被加工表面时，倘若刀具切到了不应该切的部分，则称做出现（　　　）现象，或者称为（　　　）。
8. 在 CAM 自动编程软件中，通过主轴（　　　）和主轴（　　　）来控制铣削用量。
9. CAXA 制造工程师提供了刀具库功能，刀具库包括（　　　）刀库和（　　　）刀库两种。
10. 在数控加工中，刀具的选择直接关系到（　　　）的高低、（　　　）的优劣和（　　　）的高低。

二、选择题

1. M30 的含义（　　　）。
   A. 程序暂停　　　　B. 主轴停转　　　　C. 程序结束
2. 在切削仿真中，CAXA 制造工程师目前支持（　　　）坯料。
   A. 圆形　　　　B. 方形　　　　C. 圆形＋方形
3. 由外轮廓与内轮廓形成的中间部分，称为（　　　）。
   A. 岛　　　　B. 区域　　　　C. 轮廓
4. 慢速下刀开始于（　　　）。
   A. 到达安全高度之前　　B. 自安全高度至切削位置之间
5. 钻孔时所拾取的点位置必须在钻孔位置的（　　　）。
   A. 底部　　　　B. 所钻孔深度的中部　　　C. 顶部

三、判断题

（　　）1. 在生成刀具轨迹时，加工误差的值是可以大于加工余量的。
（　　）2. CAXA 制造工程师可以通过实体图像动态模拟加工过程，展示加工零件的任意截面，显示加工轨迹。
（　　）3. 进退刀方式的选择不会影响接刀部分的表面质量。
（　　）4. 轮廓是一系列首尾相接曲线的集合。
（　　）5. 区域是指一个闭合轮廓围成的内部空间，其内部可以有"岛"。岛是由边界确定的，也是由闭合轮廓来界定的。

四、简答题

1. 简述区域和岛屿的概念及在加工中的应用。

2. 简述 CAXA 制造工程师中参数化轨迹的编辑功能。

3. 简述等高线粗加工与参数线精加工的区别。

五、作图题

1. 按综合训练图 15 给定的尺寸，用曲面造型方法生成盒体凹模的三维图形，并生成等高线粗加工轨迹及导动线精加工轨迹。

综合训练图 15　盒体凹模零件尺寸图

2. 按照综合训练图 16 给定的尺寸进行曲面混合造型，并选用合适的加工方法对沟槽曲面部分加工，生成加工轨迹。

3. 按照综合训练图 17 给定的尺寸进行实体造型，并选用合适的加工方法对球带状曲面部分加工，生成加工轨迹。

综合训练图 16　沟槽曲面零件尺寸图　　综合训练图 17　球带状曲面零件尺寸图

4．根据综合训练图 18 所示尺寸，完成零件的三维曲面或实体造型（建模）。

综合训练图 18　支架零件尺寸图

综合训练五　造型与加工

一、填空题

1. 刀具名"D10r3","D10"表示（　　　　），"r3"表示（　　　　）。
2. CAXA 制造工程师的"轨迹再生成"功能可实现（　　　　）轨迹编辑。用户只需选中已有的数控加工轨迹，修改原定义的加工参数表，即可重新生成加工轨迹。
3. 导动加工是利用（　　　　）维加工方法生成（　　　　）维曲面的加工轨迹，对圆弧的处理方式是（　　　　）。
4. CAXA 制造工程师支持的刀具类型包括（　　　　）、（　　　　）和（　　　　）。
5. （　　　　）就是在三维真实感显示状态下，模拟刀具运动、切削毛坯、去除材料的过程。
6. CAXA 制造工程师提供了（　　　　）可以将 G 代码读入后生成轨迹。
7. 尖角过渡用于在给定的两根曲线之间进行过渡，过渡后在两曲线的交点处呈（　　　　）。
8. 平移是对拾取到的曲线相对原址进行（　　　　）或（　　　　）。
9. 等距线的生成方式有（　　　　）和（　　　　）两种。
10. 在各种曲面剪裁方式中，都可以通过切换立即菜单来采用（　　　　）和（　　　　）的方式。

二、选择题

1. 毛坯精度设定主要用于（　　）。
   A. 显示控制　　　　B. 元素属性查询　　　　C. 加工仿真
2. 条件允许的情况下，应尽量选择（　　）的刀具，以提高加工效率。
   A. 直径较大　　　　B. 直径较小　　　　C. 长度较长
3. CAXA 制造工程师平面区域粗加工属于（　　）轴加工。
   A. 2　　　　B. 2.5　　　　C. 3　　　　D. 4
4. CAXA 制造工程师系统提供了（　　）种钻孔模式。
   A. 8　　　　B. 12　　　　C. 16
5. 当轮廓线为空间曲线时，系统将空间曲线（　　）作为加工轮廓线。
   A. 直接　　　　B. 投影到 xy 平面

三、判断题

（　　）1. 在 CAXA 制造工程师中，调节仿真加工的速度，可以随意放大、缩小、旋转以便于观察细节内容。
（　　）2. 投影加工可用于曲率变化较大的场合。
（　　）3. 曲面拼接工程中无需修改拓扑结构。
（　　）4. 参数线精加工属于 2 轴加工。
（　　）5. 在轮廓加工中可按照实际需要确定加工刀次。

四、简答题
1. 安全高度为什么一定要高于零件的最大高度？

2. 在加工一个余量较大的零件时，定义"慢速下刀高度"应注意什么？

3. 简述刀具轨迹和刀位点的关系。

五、作图题
1. 按综合训练图 19 香皂模型图尺寸造型并编制 CAM 加工程序，过渡半径为 15。
2. 完成综合训练图 20 所示的零件二维造型及加工。

综合训练图 19　香皂模型图尺寸图

综合训练图 20　腔体零件尺寸图

3. 完成综合训练图 21 所示的零件二维造型及加工。

综合训练图 21　模具零件尺寸图

4. 完成综合训练图 22 所示的零件二维造型及加工。
5. 加工综合训练图 23 所示端盖，编制加工程序。

综合训练图 22　拉钩零件尺寸图

综合训练图 23　端盖零件尺寸图

参 考 文 献

[1] 郑书华. 数控铣削编程与操作训练. 北京：高等教育出版社，2005.
[2] 罗学科. 计算机辅助制造. 北京：化学工业出版社，2001.
[3] 余仲裕. 数控机床维修. 北京：机械工业出版社，2001.
[4] 胡建，赵春江. CAXA 三维电子图板实用案例教程. 北京：机械工业出版社，2002.
[5] 李超. CAD/CAM 实训——CAXA 软件应用. 北京：高等教育出版社，2003.
[6] 陈明. CAXA 制造工程师——数控加工. 北京：北京航空航天大学出版社，2006.
[7] 熊熙. 数控加工实训教程. 北京：化学工业出版社，2003.
[8] 杨伟群. CAXA——CAM 与 NC 加工应用实例. 北京：高等教育出版社，2004.
[9] 赵国增. 机械 CAD/CAM. 北京：机械工业出版社，2005.
[10] 加工中心应用与维修编委会. 加工中心应用与维修. 北京：机械工业出版社，1992.
[11] 王卫兵. 数控编程 100 例. 北京：机械工业出版社，2003.
[12] 方沂. 数控机床编程操作. 北京：国防工业出版社，1999.
[13] 罗学科，张超英. 数控机床编程与操作实训. 北京：化学工业出版社，2001.
[14] 赵国增. 机械 CAD/CAM. 北京：机械工业出版社，2002.
[15] 孟富森，蒋忠理. 数控技术与 CAM 应用. 重庆：重庆大学出版社，2003.
[16] 唐应谦. 数控加工工艺学. 北京：中国劳动社会保障出版社，2000.
[17] 方新. 机械 CAD/CAM. 北京：高等教育出版社，2003.
[18] 华茂发. 数控机床加工工艺. 北京：机械工业出版社，2000.
[19] 陈国聪. CAD/CAM 应用软件——Pro/ENGINEER 训练教程. 北京：高等教育出版社，2003.
[20] 唐健. 模具数控加工及编程. 北京：机械工业出版社，2001.
[21] 刘雄伟. 数控加工理论与编程技术. 第 2 版. 北京：机械工业出版社，2000.
[22] 史翠兰. CAD/CAM 技术及其应用. 北京：机械工业出版社，2003.
[23] 许祥泰，刘艳芳. 数控加工编程实用技术. 北京：机械工业出版社，2000.
[24] 来建良. 数控加工实训. 杭州：浙江大学出版社，2004.
[25] 顾京. 数控加工编程及操作. 北京：高等教育出版社，2003.
[26] 王筱筱. 数控机床及其程序编制. 杭州：浙江大学出版社，2005.
[27] 王爱玲. 现代数控编程技术及应用. 北京：国防工业出版社，2002.
[28] 孙万龙. CAXA 项目教程——制造工程师 2008. 北京：人民邮电出版社，2009.
[29] 北航 CAXA 教育培训中心组. CAXA 数控加工造型编程. 北京：北京航空航天大学出版社，2002.
[30] 杨伟群. CAXA——CAM 与 NC 加工应用实例. 北京：高等教育出版社，2004.